文系の人にとんでもなく役立つ!

# 理系の知識

日本博識研究所



宝島社

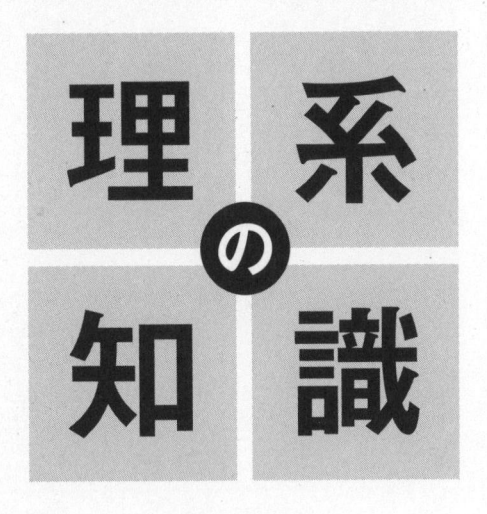

# はじめに

日頃のニュースや雑学などで、特に意識はしていないが、ついつい文系の人間が読み飛ばしてしまうもの。理系の情報や理論はそのひとつだろう。「世紀の大発明！」などと、技術開発の記事があっても、読んでも頭に入らず眠くなってしまう……。しかし、それだけスゴいことなら、日々の雑談のネタとしても仕入れておきたい。

そんなふうに思っている文系出身のかたがいたら、まさに本書はうってつけである。宇宙や地球といった遠大な科学知識から、最先端の技術や医療、あるいは数学や建築といった専門性の高い分野まで、理系にまつわる20の分野を網羅した雑学が詰め込まれている。

本書を読んだからといって、理系に苦手意識をもつ人が急に得意になるわけではない。しかし、しばらく理系から遠ざかっていた人にとって、ざっくりと理系の面白さを感じられ、ちょっとくらい他人に雑学を披露できる。そんな知識を詰め込んだので、どうか楽しんでいただければ幸いである。

日本博識研究所

# 文系の人にとんでもなく役立つ！理系の知識

## 目次

### 第1章 「宇宙」のふしぎな知識



### 第2章 「地球」のふしぎな知識

## 第3章 ニュースで聞くけどよく知らない「最先端技術」



## 第4章 知れば知るほど面白い「脳科学」の知識



## 第5章 既に人間を超えている？「AI」の知識

## 第6章 「最新テクノロジー」のこわい知識



## 第7章 「人体」には文系には想像もつかない力が眠っている?



## 第8章 知っておくと役立つ「天気」の知識

## 第12章　目に見えない「微生物」と「ナノテク」の知識



## 第13章　想像を超えるスピードで進化する「先端医療」



## 第14章　世界を解明する「物理」の知識

## 第18章 文系では教えてくれない「エネルギー」と「環境」の知識



## 第19章 文系でも面白い!「数学」のふしぎ

## 第20章 どこまでも高くなる「建築」の技術



## 理系の応用Q&A

# 第1章

# 「宇宙」のふしぎな知識

# 人類が解明した宇宙の仕組みはわずか5%だけ

人工衛星による宇宙探索や、高性能な望遠鏡などの観測機器をつかった観測によって、年に何度も宇宙に関する大きな発見が報道されるようになってきた。近年ではニュートリノの観測なども報じられて、私たちにとって宇宙の仕組みの多くは解明されたと思われているだろう。ところが、実態はまったく異なる。というのも、星や銀河といった我々が目で見ることができる宇宙の物質というのは、ごくわずかに過ぎないことが明らかになってきたからだ。

ニュートリノも、理論上存在が確信されてから、観測されるまで長い時間がかかった。同様に近年の理論や観測結果から、単なる真空と思われていた宇宙にはダークマター、ダークエネルギーとよばれる謎の物質が満ちていることがわかってきた。ここでいう「ダーク」とは、「なんだかわからないが存在している」、という意味でつけられたものだ。これによって目にみえるものは宇宙の物質の5%程度に過ぎないことも明らかになっているのだ。

## 宇宙のはじまりはビッグバンじゃなかったかも

ビッグバンは、これまで「宇宙のはじまり」として広く知られてきた。ジョージ・ガモフの唱えたこの説によれば、宇宙は今から約１３８億年前、超高温超高圧の状態だった。その巨大な火の玉が爆発したのがビッグバン。そのまま膨張を続けているのが現在の宇宙というわけだ。

ところが、研究の進展と共に新たな説も唱えられている。例えば、宇宙が膨張を続けているのは確かだが、そのきっかけがビッグバン以外に求められるようになってきているのだ。とりわけ、宇宙がこれまでに何度も拡大と収縮を繰り返してきたとする「振動宇宙論」は、支持者を増やしつつある。そもそも、宇宙にはじまりと終わりがあるという考えは、あのアインシュタインですら信じていなかったもので、決して定説ではないのだ。

# 宇宙の果てはどこにあるのか

漫画などでも比喩的な表現としてつかわれる「宇宙の果て」。人類はいまだに「宇宙の果て」を発見するには至っていない。

宇宙関連の話ではよく、光の速さで○年かかる距離を○光年と表現する。10億光年離れた星であれば、光の速さで10億年かかる距離の位置にある星であることを意味する。これは逆にいえば、その星の光は10億年前に発生したもので、私たちが見ているのは10億年前の光であることになる。

宇宙が誕生して約１３８億年を経過しているといわれるが、だとすれば１３８億光年かなたの天体を観測できれば、それより先は観測が不可能なはずである。これがいわゆる「宇宙の果て」とされている。現在、もっとも「宇宙の果て」に近いとされるのは、２００９年に、日米英の共同研究チームがハワイのすばる望遠鏡で発見した「ヒミコ」とよばれる１２９億光年かなたのガス雲だ。それでもなお、「宇宙の果て」には9億光年足りていないのである。

## 宇宙の年齢は本当に138億年なのか

先述したように、宇宙の年齢は138億年だとされている。

この数値のもとになっているのが、宇宙の膨張速度を計算するハッブル定数だ。これは1929年にエドウィン・ハッブルが発見した法則による数値で、天体が私たちから遠ざかる速さと、その天体までの距離から宇宙の年齢を測るというものであった。

ハッブルの発見した計算式に対して、どのような数値が正しいのかをめぐっては長らく研究が行われてきた。そうした中で、20世紀半ばには、だいたい130億年くらいではないかと考えられていた。最新の数値としては、2013年に欧州宇宙機関の人工衛星・プランクによる観測で、約138億年という結果が出ているのである。

# 「星の数ほど」って具体的にいくつ？

比喩的な表現として用いられる「星の数」。でも実際に星の数はどれくらいあるのだろうか。まず、地球上から肉眼で見ることができる星の明るさは、6等星まで。その星の数は8600個。このうち、日本がある北半球で見ることができるのは、場所によって違いがあるものの4300個程度である。ただ、6等星は相当暗い星なので、実際に天気のいい日に夜空を見上げても、見ることのできる星の数は、もっと少ない。

では、宇宙全体ではどのくらいの数の星があるかといえば、その数はもっと多い。我々の属する銀河系だけで星の数は2000億個。その銀河系と同等の銀河の数は1000億〜1兆個だという。すなわち星の数は最低でも2000億×1000億個あるのである。一生をかけても数え終わらないほど膨大な数の星が、宇宙には存在しているのだ。

# 遠くの銀河ほど速く地球から遠ざかっている

1929年、天文学者のハッブルは「遠い銀河ほど、速く遠ざかっている」ということを発見した。だからどうした？　と思われそうだが、これは「ハッブルの法則」という現在の宇宙研究の基礎となる大発見なのである。ハッブルの法則によって明らかになったのは、宇宙が常に膨張しているということ。地球に住んでいる我々から見ると、四方八方の銀河がどんどん遠ざかっているということである。その速度は、遠くの銀河であるほどに速くなり、しかも光の速さよりも速く遠ざかっているというのだ。

宇宙が膨張を続ける限り、遠ざかっていくことは止められない。このことから、「宇宙の果て」に到達することは不可能であると考えられている。どんなスピードのロケットであっても、光より速い空間の膨張には、決して追いつくことはないのだ。

# 宇宙の中で地球は中心か端っこか

宇宙の中に浮かぶ地球をイメージした時、我々は宇宙の中心に位置する地球を思い浮かべてしまいがちである。ガリレイなどによって、地動説が唱えられるまで、地球は宇宙の中心で太陽も月もすべて地球のまわりを回っていると思われていた。しかし、地動説が当たり前になった17世紀になると、ハーシェルたちによって地球が銀河の中のほんの一部に過ぎないことが明らかになってきた。

現在、地球は銀河系の中にあることがわかっているが、銀河系全体の直径は10万光年。その中で太陽系は端から2万光年のところに位置していることがわかっている。けっこう、端の方に存在しているのだ。さらに、その銀河系も、230万光年離れたアンドロメダ銀河と同じ銀河群に所属している。では、それが宇宙の端か中心なのかといえば、わからない。宇宙は膨張し続け、観測できる範囲に限界がある以上、どこが端でどこが中心か、答えようがないのである。

# 太陽が「燃えている」の意味は？

私たちは、太陽の姿を見て「燃えている」と表現する。実際、太陽はものすごい高温を発している。表面温度は約6000度。中心部の温度は1500万度にも達する。もしも、人間の乗ったロケットが着陸できたとしても、人間は瞬時に蒸発してしまうだろう。

でも、実は太陽は燃えているわけではない。そこで起こっているのは、核融合反応による爆発的なエネルギーの放出だ。太陽の中心部では、水素原子4個が融合してヘリウム原子1個がつくられる核融合反応が休むことなく続いている。この時に放出されるTNT火薬換算で毎秒1000億トンにも及ぶエネルギーが、熱と光を放っているのである。そもそも「燃える」とは、ある物質と酸素がくっついて（酸化）、熱や光を放つ現象のことをいう。つまりなにかの物質が燃焼するのとは別の現象が、太陽では起こっているのだ。

# 太陽の最後の時はどうなる

太陽もやがて膨大なエネルギーを放出し終えて最後を迎える時が来る。現在の太陽は誕生から約50億年を経ており、あと約63億年で寿命を迎えるとされている。その時、太陽は大きな変化が起きる。膨大なエネルギーの源である水素を失った太陽は、中心部では温度や密度を下げながら巨大に膨れあがっていく。その大きさは現在の200倍。水星、金星に続いて地球までもが飲み込まれてしまう。この星が膨れあがった状態を赤色巨星と呼ぶ。宇宙ではサソリ座のアンタレスなどで起こっている現象だ。

赤色巨星の状態が数億年続いた後に、完全にエネルギーを失った太陽は、今度は縮小をはじめて地球程度の大きさの白色矮星《わいせい》になる。宇宙では、シリウスなどで起こっている現象である。完全に冷え切った星は黒色矮星とよばれるが、その状態になるには数百億年はかかるとされ、まだ観測されていない現象だ。

# 火星に生命が存在する可能性はある

火星人が存在しているという説は、宇宙科学がはじまってからも長らく信じられてきた。しかし、1965年にアメリカの火星探査機・マリナー4号によって、その説は完全に否定された。火星には人造的な痕跡はなにひとつ見つからなかったからである。けれども、火星人はいなくとも生命体が存在する可能性が否定されたわけではないのだ。

1971年に探査機・マリナー9号は火星に水が流れた痕跡がある渓谷を発見。2008年には火星の北極に氷らしきものも発見されている。すなわち、かつて火星には水が流れていたことが明らかになったのだ。この水の存在によって、火星にはなんらかの有機生命が棲息《せいそく》している可能性が期待されるようになったのである。火星人のような知的生命体はいなくても、地中の微生物程度の存在は確実になっているといえるだろう。

# 周期的に起こる土星の輪の消滅

土星といえば、誰もが思い浮かべるのが星のまわりを取り囲んでいる輪である。ガリレイが発明した望遠鏡によって発見された輪は、極小な氷の粒子に塵《ちり》などが混入したものによってできている。

土星には常に輪があると思われがちだが、周期的に地球から輪が見えなくなることがある。そのペースは約15年に一回。前回は２００９年に起こり、次回は２０２５年に起こるとされる現象だ。そんな珍現象が起こる理由は、土星の輪の厚みが原因。土星の輪はほとんどが氷でできた極めて薄い膜のようなもの。そのため、共に公転する地球と土星の位置関係で15年に一度、地球が土星の輪に対して真横の位置になり輪が見えなくなってしまうのだ。なお、次回の輪の消滅現象は太陽に近いところで起こるため観測が困難。その次の２０３８年の現象の方が観測しやすいとされている。

# ブラックホールは実在するのか

SF作品で頻繁に登場するブラックホール。文字どおり漆黒の空間が、近づいたものをなんでも飲み込んでしまうというふうに描かれている。でも、これはあくまで想像上の産物に過ぎない。もともと、ブラックホールは1916年にアインシュタインの一般相対性理論をもとに物理学者のカール・シュヴァルツシルトが実在すると予測したものである。理論的に仮定されたブラックホールとは、光すら抜け出すこともできないほどに巨大な重力をもった天体とされた。

しかし、シュヴァルツシルトはあくまで存在を仮定しただけで、それが発見されることは長らくなかった。これが転機を迎えたのは1971年。宇宙空間を飛ぶX線を研究する中から、はくちょう座X-1とよばれる天体がブラックホールであることがわかったのだ。

これを契機として、様々なところでブラックホールと思われる天体の発見が相次ぎ2011年にはJAXA（宇宙航空研究開発機構）がブラックホールが星を吸い込む瞬間を初めて観測している。

## ブラックホールはどんなものなのか

仮に肉眼で観測できるところにブラックホールがあったとしても、「これがブラックホールだ」とはっきりと見ることはできない。というのも、光をも吸い込むブラックホールは漆黒の闇になっていて、見えないからだ。もし、見ることができるとすれば、その周囲の状況からブラックホールが存在していることがわかるというものである。

そもそも、ブラックホールは巨大な恒星が一生を終える時に超新星爆発を起こしたなれの果てだ。爆発の後、質量の重い星の場合には、星の芯が爆発の反動で圧縮され密度を高めていく。密度が高まると共に巨大な重力が発生し、ブラックホールとなっていく。それと同時に周囲の恒星が発するガス、そして光までをも引きずり込んでいく。そのため、ブラックホールの周囲にはぽっかりと丸い空間が空く。もちろん、それが地球から肉眼で観測できるような事態になれば、人類も最後である。

## 星によって異なる最後の時

太陽の項目では、太陽が最後には白色矮星となって冷えていくことを記した。恒星は、どれもいずれはエネルギーを放出し終える運命にあるが、その最後は冷えていくとは限らない。それを決めるのが質量である。太陽の質量は1・988×10の30乗キログラムとされている。

これよりも10倍程度重い星の場合には、赤色巨星となる過程で中心に鉄でできた核を形成していき、最後は巨大なエネルギーを放出する。これが超新星爆発とよばれる現象だ。これを終えた星は中性子星となり、最後はブラックホールになっていくとされている。対して、太陽よりも軽い星の場合には赤色巨星にもなれないまま、エネルギーの放出を減少させながら冷えていくとされる。恒星は、その質量によって最後をあらかじめ決められているのである。

## 金やプラチナは宇宙空間で誕生した

産業社会に欠かせない鉱物資源は、地球が誕生した後に様々な地殻変動や化学変化によって生まれたものだと考えられている。ところが、これに当てはまらない鉱物資源がある。金や銀、プラチナがそれだ。これらの鉱物は、地球が誕生した後に宇宙からもたらされたものであるという説が、現在の学会では有力になっているのだ。例えば、プラチナは今から約25億年前に地球に衝突した巨大隕石《いんせき》が、地殻を貫きマントルで拡散されたものだとされている。実際、プラチナは北米やロシアなど鉱山が限られており、この説が支持される証拠になっている。

何億光年もの宇宙空間を旅してきたのだと考えると、貴金属はより輝きを増すような気がする話である。

# 宇宙の仕組みを解明するヒッグス粒子

２０１３年、ノーベル物理学賞を受賞したピーター・ヒッグス博士が発見した、ヒッグス粒子。これは、宇宙を構成するすべての星や生命に含まれることから「神の粒子」ともよばれるものだ。

現代物理学では、宇宙は17の素粒子で満たされていることが予言されてきた。その後、様々な実験でクォークやレプトンなど16の粒子は発見されてきたが、最後のひとつであるヒッグス粒子は１９６４年に博士が存在を予言してはいたものの、なかなか発見には至っていなかった。この粒子の役目は、質量。すなわち物質にまとわりつき動きにくくすることで、物質を構成する役割を果たしている。

その存在を２０１１年、ヨーロッパ合同原子核研究機関は、一周27キロの巨大な加速器を用いてついに発見することに成功したのである。宇宙の根源的な素粒子が確認されたことで、宇宙そのものの成り立ちの解明が、さらに近づいている。

# 宇宙人との出会いは今でも期待されている

いまだ人類は、地球外に生命体を発見するには至っていない。しかし、宇宙科学の発展した現代でも、地球外の知的生命体と邂逅《かいこう》するための努力は続けられている。

1974年には、プエルトリコのアレシボ天文台から電波望遠鏡をつかって、アレシボメッセージというものが送られた。これは、人間が十進数をつかうことや太陽系の情報などを含んだものだったが、現在までに返答はない。

ただ、こうした宇宙人へ向けたメッセージが、実は侵略者を呼び込むことになるのではないかと、たびたび論争が巻き起こっている。地球外の知的生命体が穏やかで平和的とは限らないというのは、メッセージを送る側の人類が争いばかりしているのだから、ちょっと考えれば容易に想像がつくことだ。果たしてこうした試みが人類のプラスとなるか否か、まだ答えは出ていない。

# 第2章

# 「地球」のふしぎな知識

# 地球は小さなゴミからはじまった

現在の太陽系のもととなる原始太陽系星雲が誕生したのは約46億年前のことだと考えられている。この時、原始太陽のまわりには宇宙塵《じん》とよばれる小さな塵のようなものとガスがあるだけだった。この塵が次第に固まっていってできたのが、原始惑星雲とよばれるものだった。これは塵が集まって塊になったもので、それが、膨大な回数の衝突を繰り返すことで次第に大きくなっていった。雪だるまが、雪の上をごろごろしているうちに大きくなるようなのと同じ現象だ。

そうしてある程度の大きさになった塊が地球となった。ここに、幾度も隕石が衝突し、そのたびに含まれていた水分や二酸化炭素が蒸発し大気となった。この大気の誕生によって、熱が宇宙空間に逃げることがなくなり、ようやく生物が誕生する環境が整っていったのである。現在、年代のわかる最古の鉱物は44億年前のものとされており、この頃にようやく現在の地球の原形が誕生したようだ。

# 地球の自転は次第に遅くなっている

暦の上では一日は24時間。もっと正確に、地球の自転を基準にすると23時間56分4秒で地球は一回転する。この微妙な狂いを調整するために暦は何年かに一度調整する作業が欠かせない。いずれにしても一日が24時間というのは、人類共通の認識である。でも、かつての地球はそうではなかった。一日がたった5時間。地球が猛スピードで自転していた時期もあるのだ。約46億年前に地球と月が誕生した時期、月は地球から約4万キロに位置していた。現在の約38万キロに比べて10分の1である。あまりにも近い月の引力に引っ張られて、地球の自転スピードは、ものすごく速かったのだ。

現在、月は年に3・8センチずつ地球から遠ざかり、それに合わせて地球の自転は100年に1000分の1秒遅くなっているという。このままのペースでいくと約1億8000万年後には地球の自転は25時間になるのである。

# 地球が回っているのは止まらないから

地球やほかの惑星はすべて、自転しながら太陽のまわりを公転している。でも、エンジンもなにもないのに回転を続けることができるのはなぜなのか。

そもそも、地球が公転をはじめたのは、原始太陽のまわりに塵とガスが集まって衝突をはじめた時から続いている。原始太陽のまわりをぐるぐる回りながら地球を形成するまで岩石は衝突を繰り返す。この時の衝突が自転運動を生み出したのである。地球上では回転するコマは地面や空気との摩擦によって、いずれ回転を止める。ところが、宇宙では摩擦がないので、一度回転しはじめたものは止めることができない。だから、半永久的に回り続けているだけなのである。そもそも、太陽のまわりを塵やガスが回りはじめたのは、その巨大な引力が原因である。だから、正確には地球やほかの惑星は太陽に向かって落ちようとしつつ、回り続けているという表現が正しい。

# 地球の生命誕生はいつ頃だったのか

現在地球に棲息する生物種は一億種を超えるといわれている。その豊かな生物の最初がどのようなものだったかは、まだはっきりとはわかっていない。最初の生物の源が地球に誕生したのは約38億年前。岩石に含まれていた物質が、放射線や紫外線、雷、火山の熱エネルギーなど様々な要因で発生したアミノ酸となったのがはじめだったと考えられている。これがどのような変化を起こしたのかはわからないが、アミノ酸はもっと複雑な生物であるバクテリアを生み出していく。現在、世界最古の化石として約35億年前のバクテリアが発見されている。海底の熱水噴出口に棲息していたと考えられる、このバクテリアは約25億年前までに爆発的に増加。バクテリアは酸素を生産し、ようやく地球の大気は生物の生存が可能な状態となったという。こうして、細胞を持ち酸素呼吸を行う生物が誕生したのは約20億年ほど前だったと考えられている。

# 人類の誕生までを一年で考えると

地球の長い歴史をよりよく理解するためには、一年の流れに当てはめるのがよい。1月1日に地球が誕生したとしてもっとも古い生命の痕跡は約36億年前のもの。だいたい3月26日あたりになる。生物が誕生するまでの間に、早くも4カ月が過ぎてしまうのだ。そこから多細胞生物が誕生するのは約6億5０００万年前。既に11月10日あたりである。特異な容姿の先カンブリア期の生物を知る人は多いが、悠久の昔と考えても、つい最近のことなのだ。

誰もが知っている恐竜が誕生するのは約2億5０００万年前。既に12月12日。その絶滅は6５００万年前だから12月26日あたり。残りの日数で人類はどうなるのかと思うが、人類の祖先の誕生は約4００万年前なので12月31日の午前7時頃。ホモサピエンスが誕生した10万年前は午後11時49分となる。人類の歴史なんて、10分程度のものなのだ。

# 地球の重さは毎年軽くなっている

地球の質量は、宇宙科学においてもつかわれる単位となっており「M⊕《アースマス》」という記号で表現される。1M⊕は5・972×10の24乗キログラムだ。

だが、この地球の重さは1年単位で見ても変動している。

まず、地球の重さを増やす要因としてあるのが、宇宙から降り注ぐ塵だ。隕石のような巨大な塊ではない、目には見えない塵が宇宙からは毎年約4万トン降り注いでいるのである。

それに対して、地球から宇宙へは毎年水素が約9万5000トン、ヘリウムは1万6000トンあまり放出されている。差し引きすると地球は年に約5万トンあまり軽くなっているのだ。

水素やヘリウムなどの資源が放出されるのは問題に思えるが、地球にはまだまだ埋蔵量があるので誤差の範囲内。安心していいそうだ。

## なぜ南半球は季節が逆なのか

南半球は季節が逆。そのため、オーストラリアではクリスマスが真夏の行事となることは、よく知られている。南半球と北半球とで季節が真逆になる原因は、地球の傾きだ。地球は垂直方向から斜めに23・5度傾いて自転しつつ太陽のまわりをめぐっている。北半球を基準にすると夏にあたる季節には、太陽の方向を向いているために日照時間は長くなり暑い季節となる。冬はこれが逆転するため北半球では日照時間が短くなり冬がやってくるというわけだ。

## 地球の中心温度はどうやって測る

地球の中心温度は4000度から7000度であると推定されている。地球の半径は約６３５７キロメートル。もっとも浅くても、膨大な距離を掘らなくては地球の中心には達することができない。

これまで人類が大深度まで掘削しようとする試みは幾度か行われている。１９６１年からアメリカが実施したモホール計画はメキシコ湾の海面下を地下５～６キロメートルまで掘り下げようとしたが失敗。ソ連は地上で同様の試みに成功したが15キロメートルが限界だ。

なのに、なぜ地球の中心温度が推測できたかといえば、中心を構成する物質と圧力からの推測だ。地球のコアは鉄を主成分としており、その中心は３６４万気圧という膨大な気圧にあるとされている。長年、この環境を実験室で再現しようと数々の科学者が取り組んできたが、２０１０年、東京工業大学の廣瀬敬教授らのグループが、ダイヤモンドを使った装置でこの超高気圧を再現することに成功した。実験の過程で５５００度の高温も再現することができ、地球の内部についての研究をかなり進歩させることができた。

もっとも、これほどの高圧は１００万分の1メートル程度の大きさでしか実現することができず、あくまで推定に過ぎないのが現状なのだ。

# どんどん長くなるアマゾン川

世界一長い川は、アフリカ大陸を流れるナイル川。その全長は6695キロメートルにもなる。それに続くのが全長6516キロメートルのアマゾン川だ。現在は、アマゾン川の方が180キロメートルほど短いわけだが、この数字はいずれ入れ替わるかもしれない。

川の全長は、途中で合流する支流もすべて合計して算出される。アマゾン川は、膨大な数の支流が本流に流れ込んでいて、調査によって新たに認められた支流が加算されれば、ナイル川よりも長くなる可能性が出てきているのだ。2007年に行われた調査では、ペルーのアンデス山中にあるミスミ山で新たに源流とされるものが見つかった。もし、これが正式に認められればアマゾン川は400キロメートルあまり長くなり、名実ともに世界一の川となる。なお、このミスミ山には、早くも源流を示す十字架が立てられているという。

# 世界の活火山の7％は日本にある

近年、大規模な災害の脅威が改めて注目されている日本の火山。火山の定義には様々あるが、気象庁では過去1万年以内に噴火したことのある火山を活火山と定義して監視や調査にあたっている。世界には、現在1548個の活火山が認められているが、このうち日本には110個が存在している。日本は世界の約7％もの活火山をもつ有数の火山大国なのだ。

過去1万年以内となれば、そうそう噴火はなさそうにみえるが、いざ噴火となれば、その規模は大きい。今から7300年前に起こったとされる鬼界カルデラの噴火では南九州全体が火砕流に覆われ、当時の縄文人は絶滅したと推定されている。活火山の噴火とは単に山の部分だけが噴火して煙が出るものではない。こんな大規模なものでなくとも火山の噴火は人間社会に様々な被害を及ぼすので、日頃からの準備を怠ってはならない。

# 南極で隕石がよく見つかる理由

隕石の落下は、時折大きなニュースになる。2013年にはロシアのチェリアビンスク州に巨大隕石が落下。都市上空を通過する際に、多くの人に目撃されて話題となった。

そもそも、隕石はどこかを狙って落ちるものではなく地球上に満遍なく飛来しているはず。だが、地球上で発見された隕石の8割は南極で発見されている。別に隕石が南極に集中して落ちているわけでもない。単に南極は隕石を発見しやすい場所なのだ。南極では隕石は分厚い氷河の上に落ちる。そして、隕石はそのまま氷河と共に流されていく。やがて、氷河が山脈に差し掛かるとせき止められた氷河が昇華する現象が起こる。こうして、氷に埋もれていた隕石が表面に顔を出すのだ。周囲も氷しかない中に石が転がっているわけだから発見率は高い。日本では、これまでに1万個を超える隕石の発見に至っている。

# 雪崩は新幹線並みに速い？

雪の降る地域の多い日本では、雪崩の危険箇所として指定されている場所が2万カ所を超える。山間部だけでなくスキー場や観光地などでも雪崩は、遭遇する可能性の高い自然災害なのだ。

雪はとても軽いものなので、大した被害はなさそうに思える。だが、冬に起こる雪崩は、しばしば東京ドーム10杯分もの規模になる。その速度も驚異的で遅いものでも時速40〜100キロメートル。速いものになると時速200キロメートルと新幹線並みの速さで崩れ落ちてくるのである。

猛スピードのため人間にかかる衝撃圧は、乗用車や大型トラックが突っ込んでくるのと変わらない。1938年、黒部第三ダムの建設現場で起こった雪崩では建物の3・4階部分が丸ごと600メートル先の川の対岸まで吹き飛んだという事故も起きている。こんな災害に襲われる箇所が日本にはたくさんあるのだ。

# ダイヤは地中深くでつくられる

ダイヤモンドを構成する元素は炭素である。つまり、地球上でもっとも固い物質とされるダイヤモンドは、鉛筆の芯につかわれる黒鉛とまったく変わらない元素で構成されているのだ。なのに、硬さがまるで異なるのはどういうことなのか。

それは、ダイヤモンドが形成される過程にある。ダイヤモンドは地球の約150キロメートルほどの深さにあるマントルの中で高温・高圧にさらされて形成される。この時、ダイヤモンドは炭素原子が正四面体になるように結合していく。対して黒鉛は炭素原子が平面上に形成される。その上で、マントルから地表地殻まで上昇した部分を、人類は採掘しているのである。マントルから上昇する規模の地殻変動は生物発生以前のものともされており、古い地層のある大陸にしかダイヤモンドは発見されていないとされていた。ところが、日本でも2007年にダイヤモンドが発見され、新たな研究がはじまっている。

# なぜ石油は中東でたくさん出るのか

中東で産出する石油は世界の6割を占めている。そのため、この地域の政治的安定は常に国際社会の課題である。そんな中東に多くの石油が産出する理由は、約2億年前に遡《さかのぼ》る。この頃、現在の中東は北のローラシア大陸と南のゴンドワナ大陸の間にあるテチス海とよばれる海であった。この海には南北の大陸から豊富な栄養分が流れ込み、多くの生物が繁栄した。この生物の遺骸が大量に堆積していった。それが、やがて厚い地層に覆われて変化をしてできたのが石油なのである。つまり、2億年も前の出来事が現在、中東を産油国にしているのである。

ところが、近年ではこの説に異論もある。そもそも、過去にそのような大量の生物の遺骸が堆積したと思えないところでも石油が発見されているからだ。中には、石油を発生させる分解菌が存在するという説もある。もし、この説が正しいなら産油国に依存せずとも石油の生産は可能になる。

# なぜサハラ砂漠では台風はできないのか

台風が熱帯で発生して、北上するものだということはよく知られている。日本では秋までが台風の季節だが、これは季節によって風の流れが異なるから。熱帯では11月や12月になっても台風の発生は続いている。でも、ふしぎなことに熱いサハラ砂漠では台風が発生することはない。その理由は、台風が発生するメカニズムにある。

台風が発生する熱帯で海水温が26度以上になると、温められた海水からは水蒸気が大量に発生して空へと登っていく。その水蒸気は上空で冷やされると水に変化し積乱雲へと成長していく。この水になる時に多くの熱を放出するため、まわりの空気は暖められ、その繰り返しによって渦となり台風のもとである熱帯低気圧となっていくのだ。つまり、台風は海水が温まらない限りは発生しない。そこで乾燥したサハラ砂漠では発生することはないのだ。

# なぜ潮の満ち引きは1日2回なのか

世界の海はどこでも1日に2回満ち引きする。これを引き起こしているのは、月が地球に及ぼす引力と、地球が月と地球の共通の重心のまわりを回転することで生じる遠心力を合わせた「起潮力」である。月の重力は近いところには強く、遠いところには弱く働くため月に引き出される量の違いから、月から地球を引き延ばそうとする動きが働く。この時に、地球の岩石はほとんど影響を受けないが流体である大気と海洋は、影響を受けて引っ張られていく。この盛り上がりに対して、地球が自転していく結果、一日に2回の潮の満ち引きが起こるのである。さらに、月は地球を27日で回ることから、満潮と干潮の時間も日によって変化していくのである。なお、こうした地球規模の動きに対して地形も作用するため、場所によっては大きな渦巻きが発生したり、10メートル規模の大きな満ち引きが生まれる海が発生するのである。

# イカロスはどうやって進んでいるのか

2010年にJAXA（宇宙航空研究開発機構）と宇宙科学研究所が共同開発した新型の宇宙機・イカロス。これは、ソーラーセイルという新たな技術を投入した宇宙船だ。これまでの人工衛星とは違い巨大な凧《たこ》のような帆を広げて宇宙を航行していくのである。このソーラーセイル＝太陽帆とよばれる装置は、一体どのような仕組みなのか。

虚空の宇宙の中で、イカロスが動力源としているのは太陽から放出される太陽風。といっても、真空で風が吹いているのではない。太陽から放出されるエネルギーである太陽風に含まれる光（光子）による反作用をつかって推進するのである。

つまり、推進剤をつかわなくても移動することができるという、これまでになかった新たな宇宙船なのである。現在は、まだ実験段階だが、将来的には当たり前のシステムになるだろうと期待されている。

# 第3章

## ニュースで聞くけど
## よく知らない
# 「最先端技術」

# メタンハイドレートは日本を資源国にする？

## 埋蔵量は年間使用天然ガスの100年分に相当

日本近海で豊富な埋蔵量が確認され、新たな資源として注目を集めているメタンハイドレート。メタンハイドレートは「メタン（methane）」と「ハイドレート（hydrate）」を合成した言葉である。メタンはエネルギー資源である天然ガスの主成分。ハイドレートとは日本語では「水和物」と翻訳される。水分子がある温度・圧力環境で、かご状の構造をつくり、そのかご構造の中にメタン分子が含まれているものをメタンハイドレートと呼ぶのである。

メタンは発電や都市ガスにつかわれる天然ガスの主成分だ。天然ガスは石油や石炭を燃焼させた場合に比べて、二酸化炭素・窒素酸化物の排出が約3分の2、硫黄酸化物はほとんど排出しない。天然ガスの使用量は年々増えているが、ほとんどが海外から輸入されている。だが、日本周辺の海底には年間の天然ガス使用量の100年分以上に相当するメタンハイドレートが分布しているといわれている。そのため、これを燃料として実用化することができれば、化石燃料の多くを輸入に頼る日本に、劇的な変化がもたらされる。

## メタンハイドレートは燃える氷？

このメタンハイドレートの特徴は、まず「燃える氷」のような形状であること。見た目はシャーベット状なのに、火を近づけると燃えはじめるのだ。おまけに、触ると冷たい独特の性質をもっている。このような特徴が生まれるのは、メタンハイドレートが温度が低く、高い圧力の場所で生まれるためだ。そもそも、圧力の高い場所でなければ生まれないため、水深500メートル以深の海底の下や、永久凍土層の地下数百メートルにしかメタンハイドレートは、存在しない。

だが現状は、海底から掘り出した上で精製を行うと、石油以上にコストがかかってしまう。この問題が解決すれば、日本は資源大国になるのではないかと期待されているが、今は研究の進展を待つばかりである。

# ロボット開発のキーワードはROS

## 共通したOSはソフトの開発を促進する

産業用から、介護などもっと人間と接する仕事まで、自立型ロボットの研究は、日夜進歩している。そうした中、これまで研究の進展を妨げてきたのが開発を行っている研究者や企業によって、仕様がまったく異なることだ。

パソコンであればマッキントッシュやウインドウズなどのOSが使用されている。ウインドウズの優れている点は、どこのメーカーが製作したパソコンであっても共通したOSで作業できること。世界の様々な言語で、誰でも同じ画面で同じように使用することができる。

同じようにスマートフォンでも、Googleが開発したAndroidは、どこのメーカーが製作した機種であってもつかえることが大きな利点となっている。

## ロボット研究には共通したＯＳが重要

ところがロボットはそうではない。メーカーごとに使用されているＯＳやプログラミング言語はまったく異なっているのが当たり前。おまけに、実際にどのようなソフトウェアをつかって動いているのかは、非公開の場合が多かった。

しかし、その常識が近年急激に変化しつつある。なぜなら、パソコンやスマホのアプリのように他者が開発したソフトを利用したり、ロボットの専門家でなくてもソフトを開発できたりするようになれば、開発の可能性がさらに広がるからだ。

そこで、近年注目を集めているのが、ロボット用オープンソース・ミドルウエア（開発作業のための基本ソフト）の「ＲＯＳ」だ。これはＲｏｂｏｔ Ｏｐｅｒａｔｉｎｇ Ｓｙｓｔｅｍの略で、つまりロボットのためのＯＳを意味する。同じシステムをつかっていることで、開発者同士が情報を交換してより便利なシステムを開発することも期待できる。

そのため、今後数年でロボット開発は飛躍的に進展すると、関係者から期待されている。

# いよいよ光学迷彩が実現

## SF世界の技術が現実で研究されている

アニメやゲームで登場している光学迷彩がいよいよ実用化されつつある。光学迷彩とは着用することで周囲の景色に溶け込み、あたかも透明人間になったかのように周囲から見えなくなってしまうという技術だ。この技術、長らくSFのギミックとして使われてきたが、科学の進歩はそれを現実に近づけている。

実際に、光学迷彩の研究を行っている大学や企業は世界に幾つも登場している。この技術の基本的な原理は、光を屈折させて人の目が対象物を認識できなくすることである。

## 世界各地で次々と研究の成果が報告される

目がものを見ることができる理由は、二つある。ひとつが、後ろ側から来る光をさえぎること。もうひとつは、ものが受けた光を反射・散乱し、その光を目が捉えることである。つまり、この光をコントロールすることができれば、存在を消すことが可能なのだ。

米軍とカナダ軍が開発した技術では、詳細は非公開とされているが、完全に人間を消すことに成功している。またイギリス軍では、光学迷彩を搭載した戦車を開発中だともされている。

さらに、単に目でみえなくするだけではなく熱を遮断して赤外線カメラでもまったく存在を消す技術や、さらには、レーダーにも感知されない方法までもが開発されつつあるという。

## 軍事利用だけでなく様々なことに応用可能

実際に実用化されれば、戦場を一変させそうな技術。でも、光学迷彩が利用されるのは軍事用途ばかりではない。この技術は障害物を透明化することもできる。そこで、自動車に導入して運転席からの死角をなくすことや、外科手術の時に邪魔な臓器をみえなくして手術をスムーズに行う方法なども開発されつつあるという。

悪用されたらとんでもないことになる技術。でも、平和利用の方法もいくらでもありそうだ。

# 水素自動車は究極のエコカー

## 石油の代わりとなるエネルギー「水素」

あまり知られていないが、日本政府は2020年の東京オリンピックに向けて「水素社会」を実現する施策を次々と打ち出している。

「水素社会」とは、従来の石油を中心としたエネルギー政策をやめ、水素エネルギーの活用を目指そうというものだ。水素は、水を電気分解することで容易に製造することのできる元素だ。風力や太陽光を用いれば、ほぼ自然エネルギーだけでの生産も可能である。

## 排出されるのは熱と水のみ

この水素社会の先駆けとなっているのが、トヨタが新たに開発した燃料電池車「MIRAI（ミライ）」である。この自動車は「燃料電池車」とはいうが、電池で走るのではなくタンクに積んだ水素と空気中の酸素を結合させて発電し走行するものだ。

現在、市販されているタイプは価格が700万円超とかなりの高級車。だが、それでも従来の水素エンジンは数千万円していたことを考えると、相当のコストダウンとなっている。なによりも注目されているのは、この車が走行中に排出するのは熱と水のみということ。これまでになく環境に配慮された自動車となっているのだ。

## 補給ステーションの建設が今後の課題

普及すれば、さらにコストダウンが進みそうだが、問題なのは水素の補給。現状、水素を補給することのできる水素ステーションは全国で80カ所程度。一回の補給での走行距離は約650キロメートルと通常の自動車と同等のため、大都市近郊であればなんとか利用できるというところ。

また、近年、数が増えている電気自動車の充電ステーションが、送電線から電気を受ける設備だけで済むのと異なり、一から設備をつくる必要がある。そのため、水素ステーションをひとつ建設するのに、4億円の費用がかかる。

夢のある自動車だが、普及にはもう少し時間と費用がかかりそうだ。

# 触覚のある3Dホログラム実現

## そこにないものを〝触れる〟技術

　これまでも、博物館での展示など様々な用途でつかわれている３Ｄホログラム。これは立体感のある映像を映し出す技術だ。あくまで映像だから、実際に触ったりすることはできなかった。ところが、いよいよ本物が目の前にあるのと同じような感覚を得ることのできるホログラムが生まれている。マイクロソフトが開発した技術「Ｈｏｌｏｄｅｓｋ」である。

　３Ｄに、実際に触っているような感覚を与えるような技術は、これまでも幾つか研究が進んでいたが、この技術は、これまでにないリアル感のあるもの。３Ｄ映像を触っている感覚だけでなく、手で掴《つか》んだり動かしたりもできるのだ。

　なんでそんなことが可能かといえば、ウェブカメラなどを用いて顔と手の位置を認識して映像を変化させているのだという。現状、実際に触覚に作用することはできないものの、あたかも触っているものが、その場にあるのと同じように扱うことは可能になっている。

## 人間の感覚をいかに擬似的に再現するか

この技術を用いて、遠隔地で離れた人同士がインターネットを通じてトランプやボードゲームを楽しんだり、製品のサンプルをわざわざ送付しなくても会議を行うことができるなど、様々な利用方法が生まれそうだ。

公にはなっていないが、この技術にもっとも関心を寄せているのは日本のアダルトビデオ業界だ。なにしろ、この技術がもっと発展すれば、インターネットを通じて擬似的にセックスしている感覚までをも実現することが可能だからだ。だが、そのためにクリアすべき課題はまだ多い。まず、触覚は既存の技術で再現するレベルまで近づいているが、匂いや味までも再現するのはなかなか困難だからだ。

もしこれらの味覚や嗅覚の問題まで解決されれば、いよいよ近未来では本物のセックスがほとんどなくなってしまう世界になるかもしれない。

# ピストルもつくれる3Dプリンター

## 立体物を自動製造できる新プリンター

ここ3年あまりの間に、信じられないスピードで普及した未来の技術・3Dプリンター。立体物を表すデータをもとに、樹脂を加工して造形する装置である。

原理としては、プリンターヘッドを水平に動かしながら、樹脂をノズルから噴出して立体の断面にあたる層を形成、固まった層を次々に重ねて立体物を造形していく。当初は、サンプル製作などの利用が想定されていたが、高機能の樹脂を用いて、実際に機能を果たす部品をつくることも可能になっている。

## またたく間に普及しお手頃価格で購入可能に

驚くのは、普及に伴う猛スピードの価格破壊。かつては数百万円をくだらなかった3Dプリンターは、今では安い製品では3万円台から。10万円も出せば、それなりの信頼性があるものが購入できるようになっている。

つい数年前までは、業務用の機械を所有する工場でしかできなかったことが、家庭で手軽にできるようになっているのだ。

## 便利だからこそ起きる珍事件の数々

だが、この急速な新技術の普及によって考えられもしなかった事件が発生している。

2014年には神奈川県で、3Dプリンターで部品を製造して拳銃を製造した男が逮捕されている。この事件では、製造した拳銃が実際に殺傷能力のあるものと判明し、警察を震撼《しんかん》させた。

また、同年には自称・芸術家の女が自分の性器を模《かたど》ったデータをインターネットで配布してわいせつ図画頒布の容疑で逮捕されるという珍事件も発生している。

医療や科学技術など様々な分野で、すぐに一点物の部品を製造できることから期待されている3Dプリンター。しかし、技術の悪用によって規制が強まり発展にストップがかけられそうになっているのも事実である。

# 重力を逃れる反重力は実現できる？

## SF作品ではおなじみの技術

物理学では不可能とされながらも、数年に一度は「実現した」というニュースが流れる、反重力。

反重力とは、なんらかの技術を用いて重力をカットしたり制御することだ。物理学の世界では、存在し得ないことなのだが、古くからSFのギミックとして用いられてきた。空想の中で描かれる反重力とは、重力をカットすることで、地上から瞬時に飛び上がるだとか、宇宙空間を航行できるというものだ。よく知られる作品では『ドラえもん』のタケコプターも実は回転する羽ではなく、反重力を発生させて飛んでいるという設定になっている。

## 物理学の世界では反重力の意味が違う

数年に一度は必ず登場する「反重力

を実現した」と称する怪しげな学者や団体は、ほぼ、こうした架空の反重力のイメージに引きずられている。しかしそもそも、物理学で仮定される反重力とは、時空のゆがみを指す言葉であって、重力がなくなったりすることではない。なので、こうした「反重力」を実現したという主張はそもそも認識を誤解しているか、100%インチキだと思って間違いない。

## 現代物理学を超越した未知の技術はやっぱりない

反重力と並んで、本人だけが実現したと思い込んでいるものに永久機関がある。これは、一度回り出すと止まらない歯車などというもの。もし、そんなものが実現できれば、まったくエネルギーをつかうことがなく発電をすることができる。しかし、残念なことに、宇宙全体を見ても一度動き出したものが摩擦の影響受けて永久に動き続けるということはあり得ない。

それでも、現代物理学の常識を超えた未知の装置を発明したと称する人は、後を絶たない。宇宙の終焉《しゅうえん》まで、反重力と永久機関を売り物にした装置だけは絶対に実現することはあり得ないということだけは、覚えていても損はない。

# 拡張現実で情報化が進展

## 日常に浸透している最新技術

反重力とは違い、SF小説や漫画、アニメの中だけの世界だったAR（拡張現実）は、どんどん現実に浸透しはじめている。

ARとは、様々なデジタルデバイスを用いて、目の前にみえているもの以上の情報を瞬時に得ることができるようにしようとするシステムだ。もっとも身近に普及しているのは、スマートフォンを用いたもの。観光地などで、地図や案内板などにQRコードが掲示されているのを見る機会も増えているだろう。

これもARの一環で、スマートフォンでコードを読み取ると、その付近の名所旧跡の情報が瞬時に表示されたりするサービスだ。

さらには、キャラクターが登場して、スマートフォンを通してみると、あたかもそこにいるかのように見ることができるというものもある。

## ARの開発によって日常生活がさらに便利に

ＡＲは開発途上の技術ではあるが、将来的には街中でスマートフォンの画面をかざすだけで、周辺の店の情報や口コミなどが瞬時に表示されるといったサービスも可能になりそうだ。

また、幾つかの企業が開発しているメガネ型のコンピューターを用いれば、いちいち操作をしなくても目の前に必要な情報が次々と表示されるということも可能になる。

## SF作品ではおなじみの技術

このように技術的には、現状あるものの応用なのだが、開発者が苦慮しているのは、いかに簡便に必要な情報だけを端末に表示するかということ。

そこで、次に実現すると思われるのは、スマートフォンを取り出したり、指で操作をせずとも情報が表示されるシステム。これについては、近年、音声認識が飛躍的に進歩していることから、間もなく可能になるだろう。そのうち、インターネットと脳が直結する世界も実現することになるだろう。

# Q 地面をスコップで掘ったら何日で地球の裏側にたどり着く?

ロシアには、1万2000メートル以上の深い穴・コラ超深度掘削坑がある。この穴を掘るために、20年以上が費やされた。ではもし人間がスコップで穴を掘り続けたら、何日で地球の裏側に到達できるだろうか?

地球の直径は1万2742キロメートル。人間がスコップで穴を掘るスピードは、千葉県成田市の成田ゆめ牧場で行われる「全国穴掘り大会」において30分で348センチだった(2015年優勝チームの記録)。

これを単純に計算すれば、207年10カ月で地球の裏側に到達できることになる。

## A 207年10カ月

ハタチで掘りはじめたら227歳で終わる

Q

# 月が突然なくなったらどうなる?

月は小さな天体で、地球の約4分の1の大きさ。なので、もし急になくなってしまっても地球に大きな影響はないと思われがちだが、そんなことはない。

地球は木星などの重力から影響を受けて、地軸が微妙に変化している。しかし、太陽の公転面に対して23・4度の角度をほぼ一定に保っていられるのは、月との関係でバランスを保っているからだ。このバランスが崩れてしまえば、しばらくは日の出や日没の時間もまちまちで、大きな気候変動に見舞われるようになる。地球上の生物に大きな打撃が与えられるだろう。

A

# 甚大な気候変動

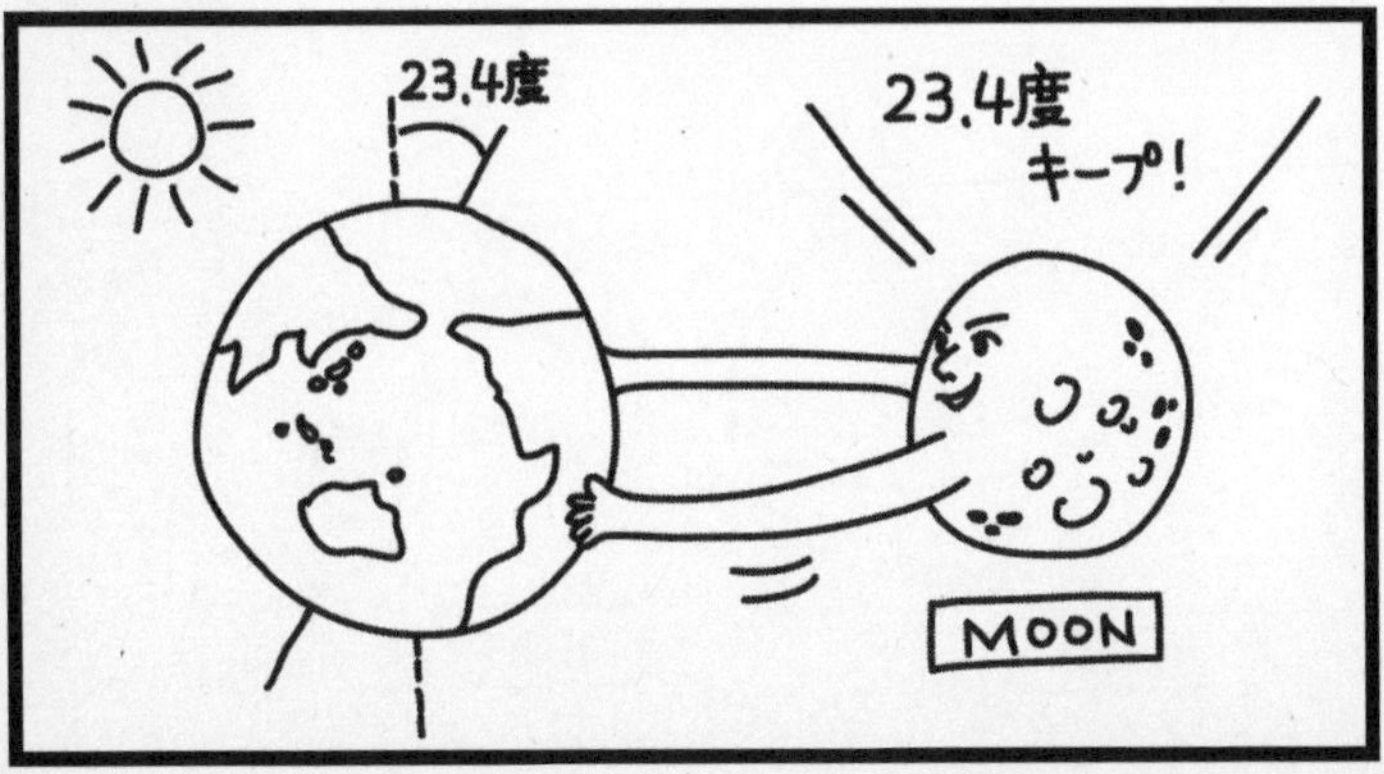

# Q 太陽系でひとつだけ自転の向きが違う惑星は?

地球は左回りに自転をしている。地球だけでなく、太陽系の惑星のほとんどは、左回りの自転である。だがひとつだけ、金星はなぜか右回りである。しかも一回転に243日もかかる、かなりゆっくりした自転である。

なぜ他の惑星と違うのか。はっきりした理由はまだわかっていないが、仮説として有力なのは、金星の誕生時に大きな隕石がぶつかって、その勢いで右回りになってしまったというもの。もうひとつ考えられるのは、太陽の引力の影響で大気が引きずられ、いつしか現在の回転になってしまったというものである。

## A 金星

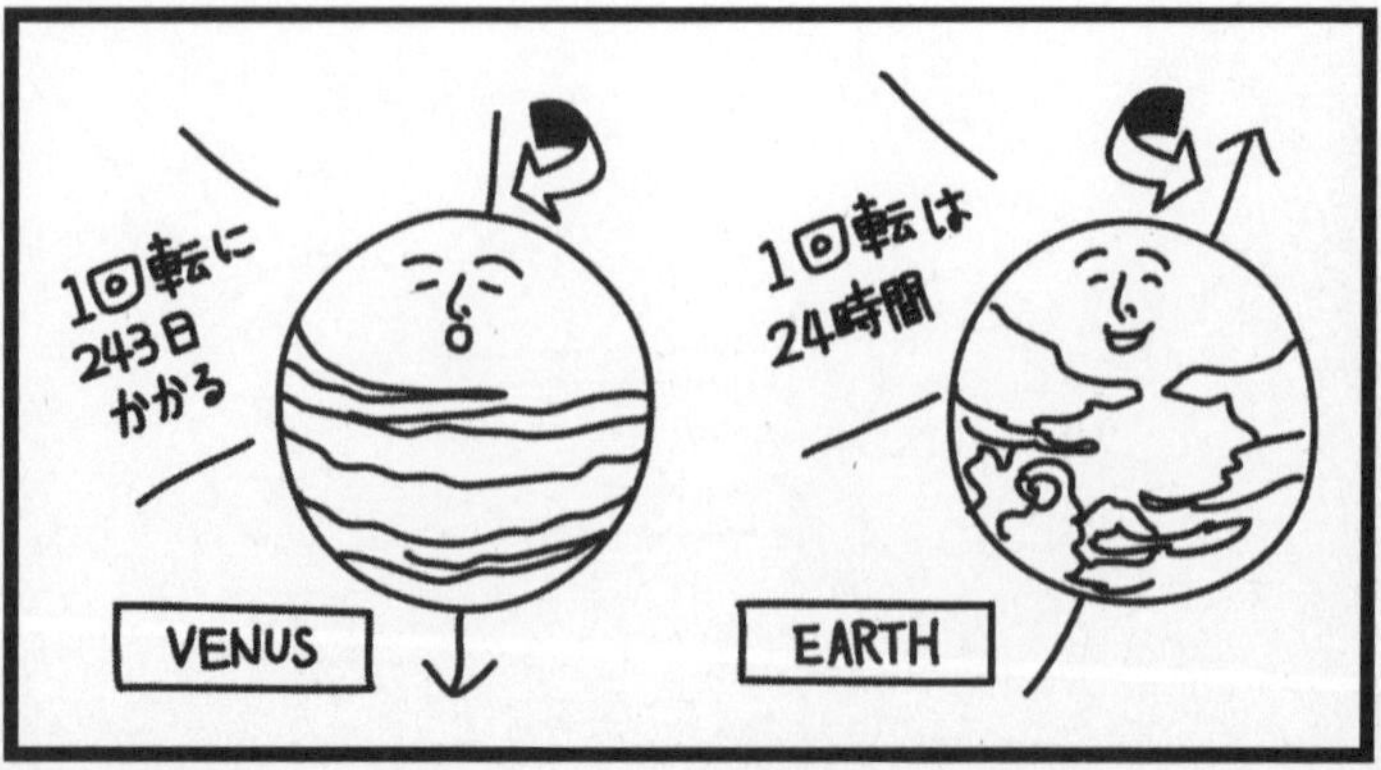

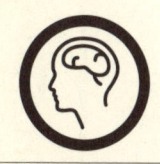

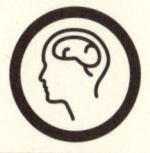

# 第4章

## 知れば知るほど面白い「脳科学」の知識

# 脳はホヤからはじまった？

人間をはじめとして、脊椎動物の活動は脳によってコントロールされている。喜怒哀楽も、すべては脳の働きによるものだ。では、脳はどのように進化してきたのだろうか？

そのヒントとなるのが、脳の元型である「神経管」である。脊椎動物が生まれてからの脳の形成は、長さ約2ミリ、直径約0・2ミリの微小な神経の管である神経管からはじまる。この神経管の起源をたどることが脳の進化をひもとくことになるのだ。

そこで現世人類の脳から徐々に原始的な脳の構造をもつ動物を調べると、霊長類、哺乳類、爬虫《はちゅう》類、両生類、魚類という順番になる。しかし、ここまでは脊椎動物として脳の構造そのものは共通しており、起源とまではいえない。そこでさらに探ると、神経管をもっとも原始的な動物はなんと原索動物であるホヤの幼生に行き着く。あの、酒のツマミとして塩辛などに調理されるホヤである。ホヤの幼生が発生したのはおよそ5億年前。一見グロテスクな、とても知能をもっていそうにないホヤが、実は生物に脳が誕生した起源となるのだ。

## 脳の神経細胞をすべてつなげると100万キロメートル

脳は神経細胞がつながって形作られる。神経細胞は「ニューロン」ともよばれ、「神経回路」とよばれるネットワークを構成している。このネットワークでは情報が電気信号として行きかい、高度な情報処理が行われている。

神経細胞は、長い棒のような「軸索」と、名前のとおり木の枝のような「樹状突起」という、2種類の突起をもっている。人間の脳全体にある軸索と樹状突起を全部つなげると、その長さは実に100万キロメートルといわれており、人間の脳はとんでもなく大規模な神経細胞のネットワークでできていることがわかる。

実はこのニューロンは皮膚にも存在しており、しかも脳と同じように計算も行っている。なにかを触った時に触ったものの形状や質感が一瞬でわかるのも、皮膚のニューロンが脳に情報を伝える前に計算を済ませているためなのである。

## 男の方が脳は重い？

男性と女性は、たいていの場合体格的に大きく異なる。一般には男性の方が体は大きいが、では脳はどうだろうか。

日本人の場合、脳の重さの平均は男性で約１４００グラム、女性で約１２５０グラムという。しかしこの重さの違いが、いわゆる頭の良さに比例しているかというと、そうではないらしい。

ただし、脳の働きかたという点では、男性と女性にはかなり違いがあることがわかっている。右脳と左脳をつないでいる神経の束「脳梁《のうりょう》」の後部にある「膨大部」とよばれる部分の形が、男性では棒状、一方女性は球状に膨らんでいる。

これは女性の方が左右の脳をつなぐパイプが太いということで、男性に比べて女性の方が右脳と左脳を連携させて物事を考えることが得意という。会話の時に左脳だけが機能している男性よりも、右脳と左脳を両方働かせている女性の方が、コミュニケーション能力は高いということになるとされている。

## 心は脳と心臓のどちらにある？

かつて、人間の心は心臓にあるとされていた。古代のエジプトではミイラをつくる時に心臓や他の内臓は保存しておきながら、脳は捨ててしまっていた。ギリシア／ローマ時代にもアリストテレスが「心は心臓にある」と定義していたため、その影響でヨーロッパでは中世以降もしばらくはそのように思われていた。

しかし現在では計測機器の進歩によって、思考や感情の種類に応じて脳のどの部位が活動しているかを調べることができるようになった。「心」というのは脳の働きによって生まれるもの、心臓は血液を体中に送るためのポンプに過ぎない、という考えが一般化している。しかし心も脳も、まだ十分に解明されていない部分は多い。「脳にある」と言い切ってしまうには早計である、と考える人も多いのが現状だ。

## 幽霊は脳が見る

点や丸をそれらしい位置に三つほど描くだけで、それがまるで顔のようにみえてしまう。「顔を認識する」というのは、世の中を生きていくには非常に重要度が高く、人間の脳の機能のうちかなりの部分が、顔を認識したり見分けたりすることにつかわれていることがわかっている。

そういう「顔認識」の機能が人より過剰に働いてしまう人もいるわけで、そういう人は天井の模様にも顔がみえ、壁のシミにも顔がみえ……ということになってしまいかねない。「幽霊を見た」という人の話は、こういった脳の機能によってある程度説明できることもある。

スイスのチューリヒ大学病院の神経心理学者ペーター・ブルッガー教授の研究

によれば、「自分は超常現象を体験した」と思い込むような脳の機能は、脳の右半球（右脳）に関連していることが多いのだという。

右脳は左脳に比べて創造的思考力や音楽的な感性などの面で優れているとされる。そして「顔認識」をはじめとする視覚的イメージについても、右脳の方が優勢なのだという。

ブルッガーは右脳と左脳、どちらが優勢に働いているかを、二つの絵をつかって判定するテストを行った。ひとつは顔の右半分が笑っているようにみえる絵、もうひとつは左半分が笑っているようにみえる絵である。この絵を見た時、図の左半分の情報は右脳に、右半分の情報は左脳に入力される。そこでこの絵のうち、どちらがより楽しそうにみえるかによって、右脳か左脳のどちらがより優勢に働いているかを判定した。

そして、被験者のうち「超常現象を体験したことがある」という人は、右脳が優勢なグループに多かったという。

幽霊が実在するかどうかはともかくとして、幽霊を見たと信じている人は、目ではなく右脳で見たといえるのかもしれない。

# なぜ人間は記憶を忘れてしまうのか？

人間は、忘れる生き物だ。忘れるというのも、脳に起因する現象のひとつにほかならない。

忘れるという現象を研究した成果として、心理学の分野ではドイツのヘルマン・エビングハウスの実験による「忘却曲線」が有名だ。それは、得られた記憶は1時間で56％損なわれ、1日で74％失われるが、その後の忘れかたはゆっくりになる、というものだった。

しかし現在では、忘却のメカニズムはそれほど単純には説明できないというのが一般的だ。

神経学の分野では、忘却を積極的に促進するニューロンの存在が確認されている。なぜこのようなニューロンが存在するかというと、必要でない記憶は失われた方が生存しやすいから、と考えられている。例えば、「エサのある場所」の記憶は、エサがなくなると忘れてしまった方が、いちいち「もうエサはなくなった」ことを思い出す必要がなくなる。そうすれば判断も速くなるし、脳の容量をムダにしなくて済むようになる。忘れることも、生きていく上ではとても重要なことなのだ。

## 記憶喪失の原因は心因性が多い

忘れることは人間の生存に必要なこと。とはいえ、忘れてはならないことを忘れてしまうこともある。例えば、「記憶喪失」。小説やドラマではざらにある話だが、実際に記憶喪失になってしまった人に会う機会はなかなかないものだ。

その記憶喪失だが、原因は心因性・外傷性などがあり、忘れかたにもいろいろなパターンがある。頭部に怪我《けが》をしたりして、それ以降の新しい物事を記憶できなくなってしまう「前向性健忘」（映画『メメント』や、漫画『喧嘩《けんか》商売』に登場）。それ以前の記憶が抜け落ちている「逆向性健忘」など。

また、なにを思い出せないかによっても分類があり、なにもかも思い出せない

「全健忘」、思い出せるところと思い出せないところがある「部分健忘」（政治家がよくこれにかかる気がする）がある。

このうち、いわゆる「記憶喪失」（自分が誰なのかわからない）は、「逆向性健忘」「全健忘」に分類される。その多くは心因性で、歳月と共に記憶が戻ってくることが多い。

## ゲームで脳の機能は高まるの？

「脳トレ」という言葉が流行語のようになったのは、今から10年前、2006年のことだった。以後、「脳科学者が監修」と銘打ったゲームが続々と発売された。

2013年、ドイツのマックスプランク研究所生涯心理学センターのシモーネ・クーン教授らの研究グループが、ゲームが脳に及ぼす影響を検証している。それによると、2カ月間毎日30分ゲームをしたグループでは、海馬・前頭前野・小脳における「灰白質」の容量が増えたことを確認した。

脳の灰白質が増えると、空間認識能力、計画性、短期的な情報の蓄積、運動能力などに重要な影響があるという。クーン教授のグループは、ゲームをやることによって統合失調症、PTSD（心的外傷後ストレス障害）、そして神経性の疾患による海馬と前頭前野収縮の予防に効果がある可能性がある、としている。

一方、日本では医学界を中心に「ゲームによる脳トレには効果がない」という声が高まっているのだが……。ゲームにも一定のメリットがあることが証明されているのである。

## 脳科学の俗説を信じるなかれ

脳科学の研究が進む中で、それにまつわる知識は一般社会にも流布していった。しかしそれはすべてが事実ではなく、間違った情報も含まれている。それらを幾つか紹介しておこう。

1．左脳型の人は論理派で、右脳型の人はクリエイティブ‥先に書いたとおり、右脳と左脳は実際にはつながっていて、左右を連携させて思考や行動は行われる。左右のリンクは、実際のところかなり複雑で、簡単に割り切れるものではない。

2．見たり聞いたりした物事は思い出せないだけで、すべて記憶されている：脳科学の分野では、忘れるということは「記銘のエラー」と解釈されている。脳の中で記憶を司《つかさど》るのは「海馬」をはじめとする側頭葉内側面領域だが、最初に記憶する（記銘する）のに失敗すると、成功した場合よりも側頭葉内側面領域の活動が活発化していなかった。最初の段階で記憶に失敗すれば、後で上手《うま》く思い出すことはできないので、見聞きしたものすべてを覚えているわけではないことになる。

3．人間の脳は10％しか使われていない：実際にはＭＲＩなどで脳をスキャンすると、1日を通じて脳の全体が活発に働いていることがわかる。脳の一部にダメージを負っても深刻な影響が出ることは、その証拠のひとつといえる。

4．アルコールで脳細胞が死滅する：実際には、アルコールは脳細胞の働きを抑制するが、脳細胞を殺すわけではない。解剖して調べると、アルコール依存症の人の脳細胞も、そうでない人と特に変わらないという。酩酊《めいてい》することによって脳内の情報伝達には問題が発生するが、脳細胞がアルコールで死ぬことはない。

5．ＩＱは変わらない：ＩＱ（知能指数）は生まれつきのもので変わらないといわれてきたが、現在はそうではないことが明らかになっている。イギリスで行われた調査で、12～16歳の学生のＩＱを調べ、4年後にもう一度調べたところ、そのうち9％の学生のＩＱが実に15％以上、上がっていたという。ＩＱも努力で上げられるのだ。

# 人間の脳にまつわる「ふしぎな事実」

脳はまだまだ未解明の器官。様々なふしぎさをもっている。先ほどとは逆に、信じていいふしぎな事実をここに幾つか紹介しよう。

1．脳の大きさは終生変わらない：意外に思われるが、これは本当のこと。実際、子供と大人では、頭の大きさ自体はほとんど変わりがない（子供の方が顔のつくりは小さい）。

2．神経細胞の情報伝達速度は時速400キロメートル以上：脳内を電気信号として飛びまわる情報の伝達速度は、最速で秒速120メートルといわれる。時速に換算すると時速432キロメートルとなり、なんと新幹線の営業最高速度よりも速いというわけだ。

3. 脳自体は痛みを感じない：脳は生命活動のコントロールなどに特化した器官なので、手や足と違って痛みを感じる神経がない。なので、「頭が痛い」というのは脳ではなく頭皮の下にある細胞が痛みを感知して、それを脳に伝えているのだという。

4. 妊娠すると脳が縮む：脳の大きさは終生変わらないと書いたが、妊娠中には縮小する。およそ4%～8%の縮小が見られ、右脳が活発になり感情的になる。海外では、この現象を「ベイビーブレイン」とよんで研究している。出産後にはもとの大きさに戻るが、やはり生命を育む妊娠というのはスゴいことなのだ。

5. 右脳・左脳どちらかだけでも生きられる：事故で脳を半分なくして、それでも生き続けているという事例は幾つか報告されている。右脳と左脳の機能は違うが、どちらか半分になってしまった場合、障害が生じる場合も多いが、残った片方が失われた分の機能をある程度補完するという。

# 統合失調症とうつ病の原因は神経伝達物質

心は脳の働きによるものが大きく、心の病気である精神疾患はつまり脳の働きの不全ということになる。そのひとつに統合失調症がある。

統合失調症は、思考や感情、行動といった精神活動を統合する能力が低下する病気をいう。幻覚を見たり、幻聴を聞いたり、妄想に悩まされたり、奇行に走るといった症状も見られる。

その原因は、神経伝達物質が関係している。神経伝達物質とは、脳の中で情報を伝達するために使用される物質で、ニューロンにあるシナプスという器官を通して合成されたり放出・受容され、これによって情報が伝わっていく。

統合失調症は、脳のドーパミン受容体の機能が不全になるため発症すると考えられている。神経伝達物質のひとつであるドーパミンをキャッチする大脳辺縁系の受容体が過剰に働く一方で、前頭葉への情報伝達が上手くいかなくなるため、感情がコントロールできなくなって精神状態が不安定になるとされる。

治療には、ドーパミンの過剰な伝達を阻害するよう、受容体に働きかける向精神薬が用いられる。

一方「心の風邪」などともいわれ、精神疾患の中でも今ではもっとも身近なものとなっているのがうつ病だ。気分の落ち込みや、極度の不安などが長期にわたって続いたり、不眠や頭痛、食欲の減退など、その症状は様々な形で現れるが、仕事や生活その他のストレスがきっかけとなることが多い。

統合失調症と同様に、うつ病も脳内の神経伝達物質の分泌や受容が不全となることで発症する。精神を安定させるセロトニン、やる気を出させるノルアドレナリンといった伝達物質の分泌不足によるものと見られている。

治療薬として、従来はセロトニンやノルアドレナリンを増やすことを目指した抗うつ薬が用いられてきたが、近年は「選択的セロトニン再取り込み阻害薬」（SSRI）が多くつかわれるようになっている。これは、脳内におけるセロトニンの消費を抑えることでセロトニン濃度を保つもので、副作用が少ないことから広くつかわれている。

# 「アスペルガー症候群」ってなに？

最近は「発達障害」という言葉も随分一般的になってきた感がある。発達障害にも様々な種類があるが、共通する特徴としては、①中枢神経系（つまり脳）の機能障害であること、②乳幼児期に症状が顕在化すること、③症状は進行性ではなく、発達あるいは周囲の介入によっても変化すること、の三つが挙げられる。アスペルガー症候群も、知的障害（精神遅滞）を伴わない発達障害のひとつとして、近年よく知られるようになっている。

アスペルガー症候群は広汎《こうはん》性発達障害のひとつであり、比喩的な表現や皮肉が理解できない、人の表情などが読み取れない（他者との適切な距離感が取れない）、感覚過敏、新しい環境になじめない、特定の事物への強い関心やこだわり、といった特徴が挙げられる。一方で言葉の遅れはなく、文字の理解はむしろ早い場合がある。現在は脳科学的な解明がかなり進み、改善治療法も多く生み出されている。

# 注意欠如・多動性障害（ＡＤＨＤ）も脳内に原因が

授業中に歩きまわったり、席に着いていても授業に集中することができない、遊びに夢中になって他のことが目に入らない、列に割り込んだりする……といった子供は、しつけがなっていないのではなくこの障害かもしれない。なにかをやろうとしても集中し続けることが困難で、学習には重大な影響が出ることが多い。忘れ物やなくし物が多いのも特徴だ。また、攻撃的な行動が目立ったり、適応障害、睡眠障害といった精神疾患を併発することも多い。

原因については様々な説があるが、現時点でも十分に解明されているとはいい難い。神経伝達物質のドーパミンとノルアドレナリンが過剰に再取り込みされることで、情報伝達が上手くいかなくなるのが、ＡＤＨＤの症状が起きる際の脳内の状況だと考えられている。このため、薬物治療なども行われているが、まだまだ治療には今後の研究が待たれる段階である。

# 第5章

## 既に人間を超えている?
## 「AI」の知識

# そもそも人工知能とはなにか？

人工知能（ＡＩ）とは、人間の脳が行っている知的な作業をコンピューターによって模倣／再現しようとするシステムのことをいう。

言語（いわゆるコンピューター言語ではなく人間が普通に用いる言語）を理解したり、論理的な「推論」を行ったり、経験を重ねることで「学習」したりするソフトウェア／プログラムのことを指し、ネットによくある自動翻訳システムなども含まれる。

人工知能の研究には二つの方向があり、ひとつは脳をそのまま機械に置き換えるような、つまり人間の知能そのものをもつような機械をつくろうとするもので、もうひとつは人間が脳をつかって行う知的な作業を機械に代行させようとするものだ。そして実際の研究は、多くが後者を目指している。

なので、人工知能イコール鉄腕アトムのような人型のロボット、というわけではない。ともあれ人工知能の今後の可能性は計り知れないものがあり、株式市場では人工知能に関連する銘柄は軒並み高値を付ける状態が続いている。

## 人工知能は感情をもつか？

２０１５年６月にグーグルの研究者が発表した学術論文について、一部のメディアは「ＡＩが怒った」と報じた。論文で紹介されているコンピューターと人間との対話記録から、道徳や倫理に関するしつこい質問にコンピューターがいら立った態度を見せた、というのだ。

実際の対話の記録を見ると、「自分は倫理観が何なのか知らない」と繰り返すコンピューターに対して人間が道徳と倫理に関する同じような質問を繰り返すという珍問答（？）になっている。確かに途中からコンピューターが不機嫌になっているようにも読める。

しかしこの対話につかわれたコンピューターは「ｃｈａｔｂｏｔ」（日本では「人

工無脳」などとよばれるプログラム)で、本来の人工知能ではなく、単に言葉に反応するだけのプログラムだ。ネット上で人工無脳とチャットしたことがある人も多いと思うが、そもそもとんちんかんな会話しかできないような代物なのだ。

研究者によれば、この研究の目的は脳の神経細胞ネットワークの働きを模倣した「ニューラル・ネットワーク」によってコンピューターが自分で学習することを目指している。つまり、もともと人工知能に感情をもたせるような研究ではなかったというわけだ。

人工知能が実際に感情をもつとしても、それはかなり先のことになるのではないだろうか。

## 人工知能の進化の過程は人間の赤ちゃんにそっくり?

最近の人工知能の進化は急速であるとされる。それはニューラル・ネットワークの手法のひとつで「深層学習」(ディープ・ラーニング)とよばれる人工知能の新しい学習方法によるものだという。

深層学習というのは、人間の赤ちゃんが言葉を話しはじめる以前の概念をつかんでいくステージのようなもので、実際のところ人工知能の進化の過程は、人間の赤ちゃんにそっくりなのだという。

乳幼児が言葉を覚えたり発したりするようになるのは1歳半〜2歳ぐらいからだが、実際には生まれてから言葉を発するようになるまでの間に、そのための概念を獲得しているとされる。その概念を獲得する学習方法が深層学習で、脳の神経回路を模倣して情報処理を行い、コンピューターが自ら学習することで概念を獲得するという。データ処理をあらかじめプログラムしておくそれまでの手法と違い、人工知能が蓄積されたデータから自分で特徴などを見つけ出しては反復して学習するというものだ。

データを与えれば与えるほどより正確な判断を行うことができ、しかも自ら間違いを見つけて修正しておくこともできる。

深層学習の成果のひとつとして、2012年にGoogleの開発した「グーグル・ブレイン」が「猫の概念を獲得した」と発表された。

# 人工知能、小説を書く？

日本の人工知能学会では現在、人工知能に星新一のようなショートショートを書かせるというプロジェクトが進行中だという。

どういうことかというと、星新一の短編小説をデータとして蓄積し、ストーリーのパターンを分析・再構成して「星新一が書くであろう物語」を人工知能につくらせる、というものらしい。

実際のところ、星新一の作品中で、単語のレベルではこんな言葉がよくつかわれている、この単語の後にはこんな言葉が続くことが多い、という解析は簡単にできるので、現状で「星新一らしい文章」そのものは比較的容易につくれるという。

問題なのは、それを一貫性のあるストーリーとしてつくり上げることで、そこはまだかなり難しいらしい。「星新一らしい文章」から一歩進んで「星新一らしいストーリー」をつくるには「抽象化して考える能力」が不可欠であり、そこは人工知能が大いに苦手とするところだからだ。

人工知能の文豪が登場するのも、どうやらまだまだ先のことらしい。

## 人工知能が碁の世界トップ棋士に4勝1敗!

グーグル傘下のディープマインド社が開発したAI囲碁ソフト「アルファ碁」と、現在世界でトップクラスとされるプロ棋士イ・セドル九段が2016年3月に対決し、アルファ碁が4勝1敗と勝ち越したニュースは、記憶に新しいだろう。

このアルファ碁も、深層学習によって自ら学習する能力をもっていて、約3000万種という棋譜を蓄積しただけでなく、そのデータから学習して判断能力を高めることにより、トップクラスのプロ棋士を打ち負かすだけのつよさを獲得したというわけだ。

チェスの分野では、1997年に「ディープブルー」が当時の世界王者を破っている。将棋でも2013年に「ボナンザ」が現役プロ棋士を破って以降、人工知能がプロ棋士に勝利することが続いている。しかし対局の展開が10の360乗以上あるとされる囲碁では、局面の判断が複雑過ぎて、人工知能がプロ棋士に勝つことは当分困難と言われていた。

だが実際にはチェスの世界王者を破ってから20年を待たずに、人工知能は囲碁でもプロ棋士を破るようになった。深層学習恐るべしだ。

## 人工知能が描く絵

2015年、グーグルがニューラル・ネットワーク研究の一環として人工知能に写真をデータとして与え、それを参考にして絵を描かせたものが公表されていたが、でき上がった絵ははっきり言ってかなり衝撃的なものだった。

人間と動物が無秩序に合成されたとしか思えない人物像(?)や、自然と超自然が亜空間で合体したようなサイケデリックな(?)風景画(のようなもの)など。よくいえば幻想的、悪くいえばかなりグロテスクという感じがする。

それらはネット上で見ることができるが、それにしてもこの美的感覚（人工知能にそんなものがあればの話だが）は、一体どこから出てきたものだろうか。この人工知能画伯の摩訶不思議な世界、今後も腕とセンス（?）を磨き続けるのであれば、それはそれで見てみたい気もする。

## 人工知能は秘書役もこなす?

小説を書いたり絵を描いたりというのはさておき、人工知能は既に様々な形で我々の生活の中で活躍している。そのひとつに、「Timeful」というスケジュール管理用のスマホアプリがある。

Timefulは、仕事や会議などの「予定」（events）や「やるべきこと」（to-dos）、スポーツや習い事などの「習慣化したいこと」（habits）の3種類のタスクを入力しておくと、各々《おのおの》のeventsの合間にto-dosやhabitsを組み込んで、スケジューリングの提案をしてくれるというアプリだ。このアプリで時間管理の方法を改革するため、開発には人工知能だけでなくビッグデータや行動科学やプロダクトデザインの専門家が集められたという。

Ｔｉｍｅｆｕｌのようなアプリが進化すれば、出張の予定を入力しておけば、出張先までの最短ルートを検索して、交通機関や宿泊先の予約までこなしてくれるようなシステムも登場するかもしれない。そうなったら秘書の仕事は激減することが予想されている。

## 人工知能によって消える職業、生まれる職業

機械が人間の仕事を奪ってしまうのでは……というのは、古く産業革命の頃から言われてきたことだ。人工知能の進化によっても、同じような懸念はある。一方で、反対にこれまでになかった新しい職業も登場するのではないだろうか。

・なくなる職業

オックスフォード大学の研究によると、「正確性を要する」「単純作業」「マニュア

ル化しやすい」「システム化することで計算できる」ような職業は、今後なくなる可能性が高いと言われる。

レストランの案内係、レジ係、娯楽施設の案内係・もぎり係、測量技術者、建設機器のオペレーター、スポーツの審判……など、26種の職業が挙げられているが、中には動物のブリーダーや露天商など、ちょっと意外な気のするものも含まれている。既に小売店のレジ係などで言えば、一部のスーパーやレンタルビデオショップではいくつかの店舗がセルフレジの機械を導入しているので、この傾向に拍車がかかると考えればいいだろう。

・新たに発生／増加する職業

ロボットの普及によって発生する課題の解決をサポートする「ロボット・カウンセラー」、情報化社会で複雑化する物事を単純化・合理化することで実行を簡単にする「単純化のエキスパート」、自動運転による配送ネットワークを管理する「自動輸送アナリスト」などが挙げられている。

とはいえ、ATMが普及しても銀行から窓口がなくなりはしないように、実際には接客を含む仕事はなかなかなくならないようにも思われるのだが。

# 自動運転車～人工知能が切符を切られる日も？

グーグルの「セルフドライビングカー」を筆頭に、トヨタや日産などでも、自動運転車の研究が最近急速に進んでいる。それに伴って、自動運転技術に関連する銘柄の株価は上がり続けているという。

セルフドライビングカーは、人工知能がGPSを用いて自分の位置を把握しながら、運転に必要な情報を収集・解析して運転操作をするというものだ。どの道を通るかなどはカーナビなどと大して違わない処理なので簡単だが、肝心なのは周囲の突発的な状況を認識・対処しながら安全に車を走らせることにあるという。

そのために、セルフドライビングカーは状況に応じて時には制限速度をあえてオーバーしたりという判断もできるようになっているとか。

現時点では、大雨や雪の中ではセンサーが正常に働かないため走れないなどといった問題も残っているが、2011年のネバダ州を皮切りに、現在はフロリダ州、カリフォルニア州で自動運転車の公道での走行が許可されている。

また、アメリカ運輸省の国家道路交通安全局(NHTSA)は、グーグルからの検討要請に応じ、自動運転車の運転の責任が人工知能にあること、つまり人工知能を運転者として認める方向という。

将来は、人工知能が交通違反で切符を切られる日もやってくる?

## 人口知能で自動飛行するドローン

近年、可能性と危険性の両面で大きな注目を集めているドローン(無人小型飛行機)。2016年3月、中国発祥のドローン専門会社DJIからドローンの新機種「ファントム4」が発表された。

ファントム4にはドローンでの空中撮影がより簡単に楽しめるように新たな機能が各種追加されたが、中でも特に大きいのは、自動飛行と自動撮影の機能だ。

ファントム4の操縦はスマートフォンで行えるが、スマホの画面に映る人物や物体をタップするだけでファントム4はそれを「撮影対象」として認識し、障害物を自動的に避けながら飛行して、対象物が常に画面の中心にくるようにしながら自動的に撮影を行うという。対象物を中心に回転しながら撮影するなど、マニュアルの操縦では難しいことも自動で行えるようになっている。

誰でも簡単に扱えるわけではなく、操縦ミスによる墜落も少なくなかったドローンだが、人工知能による自律飛行の実現で、今後さらに普及するかもしれない。

## 株価予測が8割まで的中率上昇も

人工知能は、株式市場でもその存在感を強めてきている。株価指数の騰落予想で、人工知能の的中率は現在7割近くで、今後8割まで上げられるのでは、と言われているのだ。

人工知能による市場分析は、過去数年の市場データから何種類かの局面を作成し、局面ごとに重要と思われる経済指標を選び、株価を予測するというもの。最適なサンプル期間と経済指標を予測ごとに選び直せるので、市場にイレギュラーな変化が起きたような場合でも柔軟に対処できるという。

もともと、株式市場は変化が大きい世界で、人工知能には予測が難しい部分が大きかった。超短期取引では精度の高い予測が可能だったが、1カ月先の予測になると精度が下がり、実用的とは言えなかった。

しかし、今後人工知能の計算能力が上がり、より多くのデータを解析することができるようになれば、予測の精度もさらに上がることが見込まれるという。

## 人工知能が未知のサイバー攻撃を自動的に検知

インターネットは今や生活や仕事になくてはならない便利なものだが、一方でセキュリティ対策は悩みの種だ。一度攻撃にさらされると、自分のPCが故障する恐れがあることはもちろんだが、完全に復旧できたか調べるためにIT専門家の時間も奪うことになる。個人だけでなく社会にとっても大きな損失を、サイバー攻撃は与えるのだ。

そんな中、NECは2015年末、人工知能を用いて未知のサイバー攻撃を自動的に検知する「自己学習型システム異常検知技術」を開発したことを発表した。

この「自己学習型システム異常検知技術」では、PCやサーバーなどの「プログラムの起動」「ファイルへのアクセス」「通信」といった動作の状態から、人工知能がその動作の「定常状態」を自動的に学習し、定常状態と現実の動きをリアルタイムで比較・分析して、異常を検知するというもの。検知した異常な箇所のみをネットワークから自動的に隔離することも可能という。

そのためのソフトウェアは容量が軽いわりに詳細なログ情報を収集することが可能で、従来の人手による監視作業に比べると、サイバー攻撃による被害範囲の特定にかかる時間は10分の1以下になるという。そのため、被害範囲の拡大を最小限に抑えることが可能になる。

NECではこの技術を社内システムのサーバーに導入して実証実験を行い、模擬攻撃はすべて検知できたという。2016年度中には発電所や工場などの重要なインフラ施設などでの実用化を目指すということだ。

## Pepper〜世界初登場「感情を認識する」人型ロボット

人工知能は特に人型のロボットというわけではない、というのはこの章の最初に書いたとおりだが、それでも人工知能に人間の形をとらせてしまうのは、日本人の国民性なのか。

２０１４年６月にソフトバンクグループが発表した世界最初の感情認識パーソナルロボット「ペッパー」のことだ。

なんとも可愛らしいペッパーだが、その中には技術の粋が詰まっている。顔や足にはセンサーが搭載されていて、音の方向と距離を確認し、それによってペッパーも人が近づいてきたことを認識する。そして人が近づいてきたら話しかけるというシステムになっている。

そしてペッパーの方から積極的に話しかけて（ペッパーは「おしゃべり」という設定になっている）、相手の反応を引き出し、それをデータとして蓄積し、成長していく。つまり人間と話す経験を積めば積むほど、ペッパーもより豊かな会話ができるようになるのだ。売りになっている「感情認識」は、「音声」と「表情」を認識する機能を組み合わせて、相手の感情を認識している。

感情を認識して会話する機能だけでなく、あえて二足歩行にしないことでバッテリーが長くもつようにしていたり、手の動きがなるべく自然なものになるようにしてあったりと、デザインの隅々に至るまで、非常に考えてつくられているペッパー。一家に1台ロボット、という日常は、アニメの中の話だけではなくなりつつあるのかもしれない。

## 物流管理により効率が劇的にアップ

2015年9月、日立製作所は業務システムに蓄積されていくビッグデータから需要の変動などを自動的に理解し、適切な業務の指示を行う人工知能を開発したと発表した。

このシステムは、次々に追加される新しいデータを自動的に理解して取り込み、自ら学習して作業効率が高くなる仕事のやりかたを考え、作業者に指示を出すというもの。指示をもとに作業効率が上がれば、そのデータをもとにさらに改善を目指す。

日立製作所は物流倉庫の管理システムにこの人工知能を導入して、人工知能に翌日の作業手順を1日一回指示させて検証を行ったところ、棚から物品をピックアップしてくる集品作業で特定の棚に作業者が集中して混雑してしまうことがなくなり、作業効率が8%向上したことが確認されたという。

現代社会において、消費者の需要は日々変化し、これに対応して現場の状況もめまぐるしく変化せざるを得ない。作業の効率化、という点において、この変動はもはや人の手に余るようになってきている。だからこそ人工知能によって需要変動に自動的な追尾を行うことができたのは画期的である。

これを受けて日立製作所は、今後金融、交通、ヘルスケアなどに人工知能を活用していくとしている。人工知能に仕事を指示されるというと、なにやらSFじみているが、これは既に現実の話なのだ。

# 人工知能で自動的に生産される農産物

農業分野では、少ない土地で天候に左右されない「垂直農法（バーティカル・ファーミング）」での農産物生産が話題となっている。これは土を必要としない水耕栽培の発展型で、農産物を植えたラックを垂直に並べることで、狭い土地でも大量生産を行うことができるという農法のこと。幾つかの企業では、高層ビルを丸ごと垂直農場にしてしまうことで、東京などの都市部や、砂漠の多い中東の国の人たちに新鮮な野菜を供給できると計画している。

この垂直農法になくてはならないのが、人工知能による室温や菌の繁殖などを24時間体制で管理するシステム。単純なプログラムでは、植物の健康を管理する上でどこかでほころびが出てしまう。人間が常時管理するのも、コストがかかってしまう。それらの問題を、人工知能が解決してくれるのだ。

この技術により、都心でももぎたての野菜や果物を食べられるようになる。

# 第6章

# 「最新テクノロジー」のこわい知識

# タイムマシンはつくれるの？

## 物理学的に時間旅行は可能？

Ｈ・Ｇ・ウェルズが小説に書いて以来、タイムマシンはいろいろな映画や漫画に登場してきた。

ところで、それは現時点で理論的に可能なのだろうか？　物理学者キップ・ソーンがタイムマシン実現の可能性を発表したのは、１９８８年のことだった。ただし、タイムマシンが実現したとして、そこには相対性理論の落とし穴が待ち受けている。時間を旅する人は、普通に生きている人とは違う時間軸を生きることになる。つまり、未来には行けるものの、過去には遡ることができない、というのがソーン博士の理論の限界であった。

## タイムマシン否定派はあのホーキング博士も

一方、タイムマシンの実現を否定し

ているのは、あの有名なスティーヴン・ホーキング博士。彼によれば、もしタイムマシンが実現可能なら、今の時代に未来から来たという人がいるはずだ、という。そう言われれば確かに、という気もしないではない。

また、「タイム・パラドックス」の可能性がある以上、タイムマシンは実現しない、という立場もある。「タイム・パラドックス」とは、例えばタイムマシンで過去に遡って自分の親を殺したとしたら、親を殺す自分が生まれることもないわけで、そうすると親が殺されることもない、故にタイムトラベルはあり得ない、という考えかただ。

## タイム・パラドックスは並行宇宙論で説明可能だが……

一方で、「並行宇宙論」(いわゆるパラレル・ワールド)で、過去や未来が変わってしまうということも説明できる、とする立場もある。

パラドックスが起きるたびに、あり得るべき未来はどんどん分裂していく、という考えかただ。平行宇宙は、量子力学では実在すると考えられているが……結局どうなのだろうか？……ひとつだけ言えることは、我々は常に未来に向かって時間旅行をしているということ、かもしれない。

# 人工知能が人間を超える!? ２０４５年問題

## 人間が人工知能に支配される？

キアヌ・リーヴス主演の映画『マトリックス』（１９９９年）では、人間がコンピューターに支配され、コンピューターの栄養源とされている……というディストピア的な世界が描かれていた。

そんな日がやってくる可能性はあるのだろうか？

## ２０４５年

コンピューター／人工知能が人間の知性を超えることは、「シンギュラリティ」（技術的特異点）とよばれている。未来学者レイ・カーツワイルの著書『ポスト・ヒューマン誕生』によれば、その日は２０４５年にやってくる……とされている。

人間の演算速度は最速で毎秒１００

京回、という説がある。一方、日本のスーパーコンピューター「京」の演算能力は毎秒1京回以上。現時点では100倍の開きがあることになるが、コンピューター／人工知能の進歩は日進月歩。人工知能が人間を超える日がそう遠くない、ということは現実味を帯びてきている。

シンギュラリティが実現した時になにが起こるのか……それは現時点では想像もつかない。人工知能が人間の演算能力を超越し、人間が人工知能にコントロールされる……そんなことが実際に起きるのか、それは今の時点ではあるともないとも言えるのだ。アメリカでは2008年にグーグルほかの出資で「シンギュラリティ大学」が設立され、シンギュラリティ以降についての研究が進められているという。

## 人間と人工知能の新たな共生？

ともあれ、シンギュラリティ以後の世界がどうなるかは、今は誰にもわからない。未来学者ポール・サフォーは、シンギュラリティ以降の人間と人工知能の新しい共生を考えることを提唱している。

2045年に待っているのは、どんな未来なのか……？

# 最新技術で様変わりする戦争の未来像

## 10種の「未来兵器」

科学の進歩は、新たな戦争の局面を生み出すかもしれない。海外のサイトでは、アメリカ軍が開発中という10種の「未来兵器」が紹介されている。

## バイオと兵器

1．合成生物：「思考して自律的に動く無人の戦車」や「人間ではない兵士」など。アメリカ国防高等研究計画局（DARPA）では、兵士の脳にチップを埋め込んで脳波をリアルタイムでチェックする「サブネット・プログラム」が研究されているという。この技術の行き着く先は、洗脳なのか？

2．昆虫と機械部品のハイブリッド：DARPAは、昆虫とロボットのハイブリッドも研究しているという。ゴキブリの背中に爆弾を装着して敵の敷地内に送り込んだりすることも、技術的には可能というから恐ろしい。

## 最新技術が次々と兵器に

3．ＭＡＨＥＭ：自己鍛造弾（成形炸《さく》薬《やく》弾）の一種で、金属のプレートを高速で射出して棒状に変化させ、敵戦車などの装甲を貫通・破壊する砲弾。

4．自由電子レーザー（ＬａＷＳ）

5．高エネルギーレーザー地域防御システム

6．電磁加速砲（レールガン）

7．コーナーショット・ランチャー：既に実用化され、改良され続けている。銃身を90度曲げることで、物陰からの攻撃をより安全に行うことが可能。

8．Ｔｈｅ ＤＲＥＡＤ：回転しながら小さな弾丸を秒速２０００発のスピードで射出する兵器。音も熱も発生させずに弾丸を撃ち出すことが可能。

9．オーロラ・エクスカリバー：垂直離着陸が可能で対戦車ミサイル「ヘルファイア」を搭載できる無人機。

10．XM25グレネードランチャー：光波測距儀を搭載し、敵の頭上で榴弾《りゅうだん》を炸裂《さくれつ》させる。既にアフガニスタンで実戦投入されている。

レールガンもレーザー兵器も、もうＳＦだけのものではないのだ。

# 触感をそなえた人工皮膚

## 感覚のある義肢？

義手や義足といった義肢の技術も、近年大幅に進歩している。しかし、触覚の機能に関してはまだまだ改善の余地が大きい。

義肢を適切に制御する上で、触った物体の感触を感じ取れることは非常に重要だが、現時点では義肢にそのような機能は望みにくい。

しかし、スタンフォード大学の研究チームは、触覚の情報を信号化して脳に送ることができるような人工皮膚の開発に取り組んでいる。

## センサーで触感を検知

研究チームが開発した人工皮膚は「D・i・T・a・c・t」とよばれる電子回路システムが使われている。物体に触れた時の感覚を圧力センサーで検知し、その圧力を有機発振器で信号に変換し、脳細胞に情報を送るというもの。

圧力センサーには、カーボンナノチューブを混ぜたゴムが使われ、ピラミッドのような形をしている。そのピラミッド状のセンサーの大きさや配置の間隔、添加されるカーボンナノチューブの濃度などを様々に変えながら実験されていて、センサーの感度を人間の皮膚にかぎりなく近づけることを目指しているという。

センサーで感知された圧力は信号に変換され、光ファイバーを通して脳に送られる。従来の技術では単に脳細胞を刺激する程度の信号しか送れなかったが、今回の実験では生物の受容器に近いスピードで電気信号を生成できるようになり、感触をよりリアルに伝えられるようになっている。

## 現在はマウスの細胞で実験中

現在の実験には培養したマウスの脳細胞を用いているが、次の目標は生きたマウスの脳を用いての実験で、ゆくゆくは人間の脳に信号を伝えることを目指している。やがては義手や義足にこの人工皮膚を付け、生きているような感覚をそなえた義肢が実用化されるのだろうか。

# ＶＰＡ（個人用仮想アシスタント）

## Ｓｉｒｉの登場

ｉＰｈｏｎｅ ４Ｓ以降のユーザーにはおなじみなのが、個人用仮想アシスタント（ＶＰＡ）アプリ「Ｓｉｒｉ」だ。音声認識と人工知能の技術が、本当に一般市民の生活に身近なものになってきていることを象徴するアイテムともいえるだろう。

いわゆるガラケーからスマートフォンへと移行する間に、携帯端末としての存在感はどんどん大きくなってきている。そしてＳｉｒｉの登場で、人間とスマホの関係はまた大きく進化したといえる。

## 音声認識研究の成果

音声を認識して、言葉の内容を解釈して推論し、適切に返答する……Ｓｉｒｉがやっていることは、人工知能研究の枠を商品化した結果でもある。アプリケーションというものが、「Ｓｉｒｉ以前」と「Ｓｉｒｉ以後」に分類されるようになることは十分に予測可能だ。今後のアプリは、音声認識が当たり前になっていくことも予想される。単にスマホアプリにとどまらず、ＶＰＡ技術が様々な分野に広がっていくことも考えられる。

## なんでもＶＰＡにおまかせ？

現時点では、Ｓｉｒｉとユーザーの対話はまだ限定的で短いものだ。今後はより複雑な会話に対応していくことが課題となるだろうし、ユーザーの趣味趣向を反映して、より適切な返答をしたり、あるいは積極的な提案を行ったりするような機能も付加されていくかもしれない。やがてはＶＰＡの方から話しかけてくるようになる可能性もある。自分の欲しい品物がどこに売っているかを検索し、どこの店なら安く手に入るかを調べてくれることにはじまって、休日のプランやデートコースまでＶＰＡに任せられる日も遠からず実現するかもしれない。

現在はまだ音声の誤認識から的外れな返答をしたりもするＳｉｒｉだが、ＶＰＡ技術の今後の進化は計り知れない。

# 6脚巨大ロボット「マンティス」！

## 英国発の巨大ロボ

巨大な人型ロボット……というのは、ガンダムなど日本のアニメでは当たり前に出てくるが、海外のSFなどでは意外に少ない。巨大ロボット、日本人のお家芸なのか国民性なのか……などと思っていたら、英国から伏兵が現れた(人型ではないが)。

ウィンチェスターに本拠を置き、生物の動きを模倣した自然な動きをするロボットの技術「アニマトロニクス」を追求しているマイクロマジック・システムズ社は、全地形での運用を前提としたロボットとしては世界最大の「マンティス」を開発。2012年からテストを行っている。

## アニメの多脚戦車が現実に？

マンティスは重量1900キログラ

ム、高さ2・8メートル、2・2リッターのターボディーゼルエンジンで駆動する6本脚のロボットで、人間が乗り込んで操縦する。その外見はまるで『攻殻機動隊』に登場する「タチコマ」だ。

名前はカマキリを意味するが、6本脚を踏ん張った姿はむしろクモのようにみえる。6本の足でゆっくりと進むその様子は、映画『パシフィック・リム』の世界が現実になったかのようだ。

## 実用の日は来るか？

人間が乗る巨大ロボットは、実際には操縦席がとんでもなく揺れてしまって実現は不可能である。……という話があるが、このマンティスは操縦席の揺れが少ないように設計されていて、乗り心地はそれほど悪くはないらしい（やはり人型だとそこが難しいのだろうか）。

現時点ではゆっくりしか歩けず、これは一体何かに役立つものなのだろうか……という気もするが、全地形で運用できるというのが肝心なところで、災害時などにつかえるよう応用していったりすれば、役立つロボットになるのかもしれない。

ネットで動く姿も見られるので、興味のあるかたは検索を。

# 究極の自撮りドローン？

## 130万ドルを集めたHEXO+

ドローン（小型無人飛行機）の進化は近年著しいものがある。そんな中、2014年にクラウドファンディング「キックスターター」で出資を募って開発された自動追尾ドローン「HEXO+」は、目標額の5万ドルを大幅に上回る約130万ドルの出資を集め、大きな話題となった。

## 驚異の自動追尾機能

HEXO+は6枚のローターをもち、フル充電で約15分、時速40マイル（約64キロメートル）で飛行することができるドローン。

これ以前のドローンでは、GPSを利用してある程度の区間を自動で飛行させるということは可能だったが、HEXO+の場合は設定を入力すると、操縦者が自分で操縦することなく（そうなると、もう操縦者とは言えない気もするが）、ドローン本体が撮影対象物を自動で捕捉して追尾し、様々な角度から撮影することが可能というもの。対象物の動きから先の移動方向を予測する機能があり、そのため対象物の動きを極めてスムーズに追尾することが可能となっている。

安定した撮影を行える機能も充実していて、6枚のローターで揺れの少ない飛行が可能な上、カメラの手ブレ補正機能のような原理で、空中撮影での映像の揺れを補正できるようにもなっている。

## 価格は約16万円

キックスターターで出資を募りはじめた時点では欧米のみを対象としていたが、その後日本も出荷の対象とされたことで、日本からもかなりの出資があったらしい。現在は約16万円で市販もされている。

ひとつ気になったのは、ＨＥＸＯ＋を紹介している各種のサイトの多くで「空撮の自撮りが思うままにできる」的な紹介文が多かったこと。わざわざ高額なドローンで空中から自撮りをしたい人が、たくさんいることに驚きだ。

# 脳に注射できるメッシュ状インプラント

## 注射で脳に埋め込むインプラント

2015年、ハーバード大学の研究チームは、脳に注入する画期的な導電性の「メッシュ状インプラント」の開発を発表した。

白内障の治療に用いられている眼内レンズは、小さく折りたたんだ状態で眼球に挿入され、中で展開するようになっているが、この「メッシュ状インプラント」もそれに似ていて、柔らかい素材でできており、小さく丸めて脳に注射で埋め込み、それから大きく展開させることができる。

脳は構造があまりにも複雑で、そのため脳へのインプラントは技術的な問題が多く、実現が制限、あるいは疑問視されていた。ハーバード大学の研究チームは、幅数センチのメッシュをきつく巻いて、注射針の中に収められるほど小さく丸め、頭蓋骨の上部に空け

た穴から狙った部位に直接注射すると
いう技術を実現した。注射するだけで
インプラントを埋め込むことができる
というのは、画期的なことだった。

## 脳と一体化する電子デバイス

このメッシュ状インプラントは脳内の多数の神経細胞の活動を一度に記録したり、電気的に刺激したりすることのできる電子デバイスだ。しかも生体適合性があり、注入されて広がった後は脳と一体化してしまう。このデバイスの開発により、脳の機能の解明は一気に進む可能性があるとされ、生体モニタリングや神経疾患の治療に役立つことが期待されている。

## 将来はパーキンソン病の治療も

このデバイスは、現在のところ脳に対してはマウスの脳を用いた実験段階だが、脳以外の分野では既に実用化されていて、虚血心筋症の治療に役立っている。またこの仕組みを応用すれば、様々な装置を簡単に脳に埋め込むことができるようになるかもしれない。今後はパーキンソン病を含む神経疾患の治療に役立てることなどが目標とされている。

## Q 考えた瞬間にマシンを動かせる技術とは?

手はおろか、声すらもつかわずにマシンを動かす技術が開発されている。脳波のパターンをあらかじめ記録しておき、考えた瞬間の脳の情報から、その人の意思を読み取ってマシンを動かす技術。これはブレイン・マシン・インターフェイス（BMI）とよばれている。

アメリカのサイバーキネティクス社では、脳にチップを埋め込んで脳波をコンピューターに伝えることで、考えただけでメールを開いたりテレビのチャンネルを変えたりできるようなシステムを開発した。実用化も、遠い未来の話ではないだろう。

## A BMI

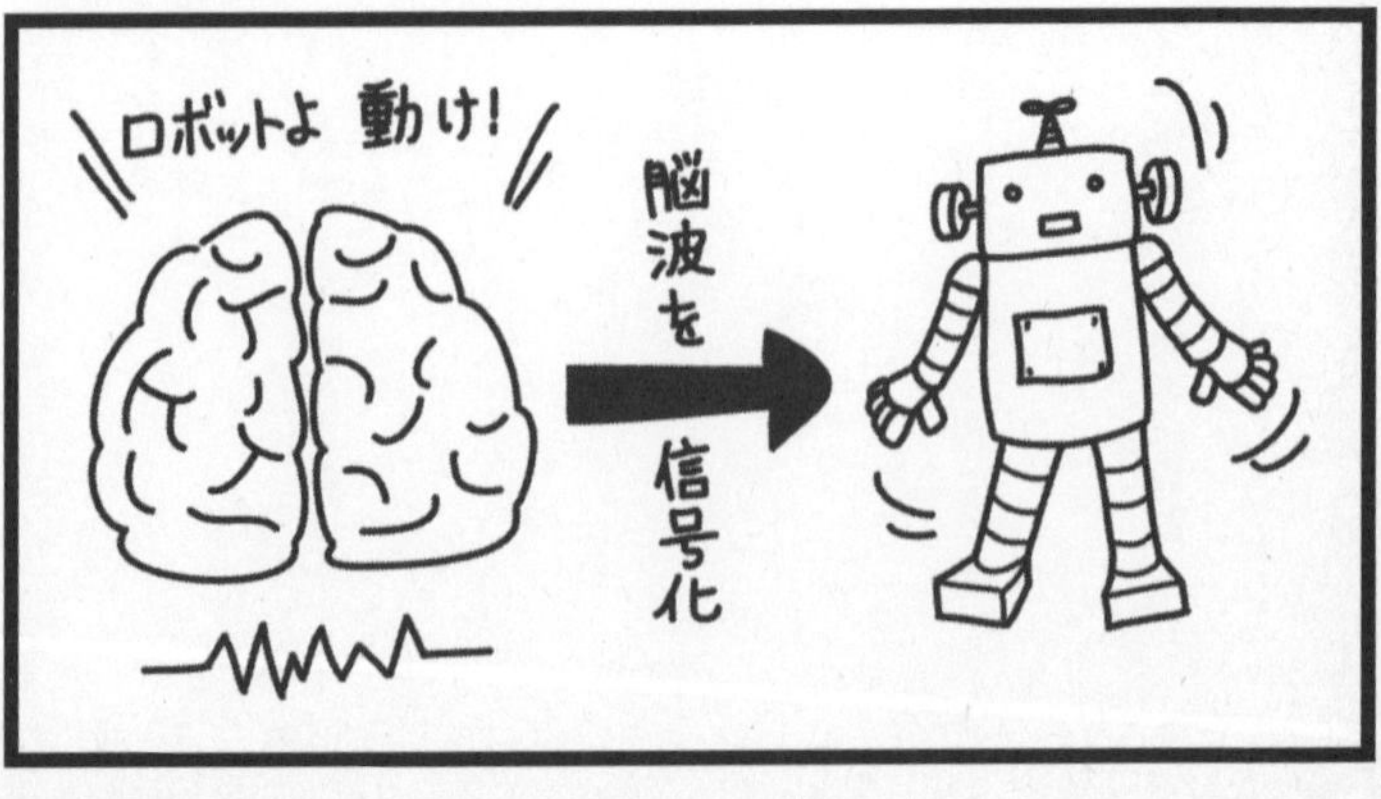

# Q 男はなぜ地図が読める?

『話を聞かない男、地図が読めない女』（主婦の友社）という書籍が一世を風靡《ふうび》したことがある。タイトルどおり、男はおしゃべりを何時間もダラダラするのが苦手な人が多いし、女は地図を読むのが苦手な人が多い。

この違いは脳の構造の違いから生じるものだが、なぜ男は地図を読むのが得意かというと、あるユニークな説がある。

実は、男が空間認識能力に優れているのは、一夫多妻制の名残だというのだ。たくさんの妻のもとへ迷わず通うために、このような能力が備わったらしいと考えられている。

## A 一夫多妻制の名残

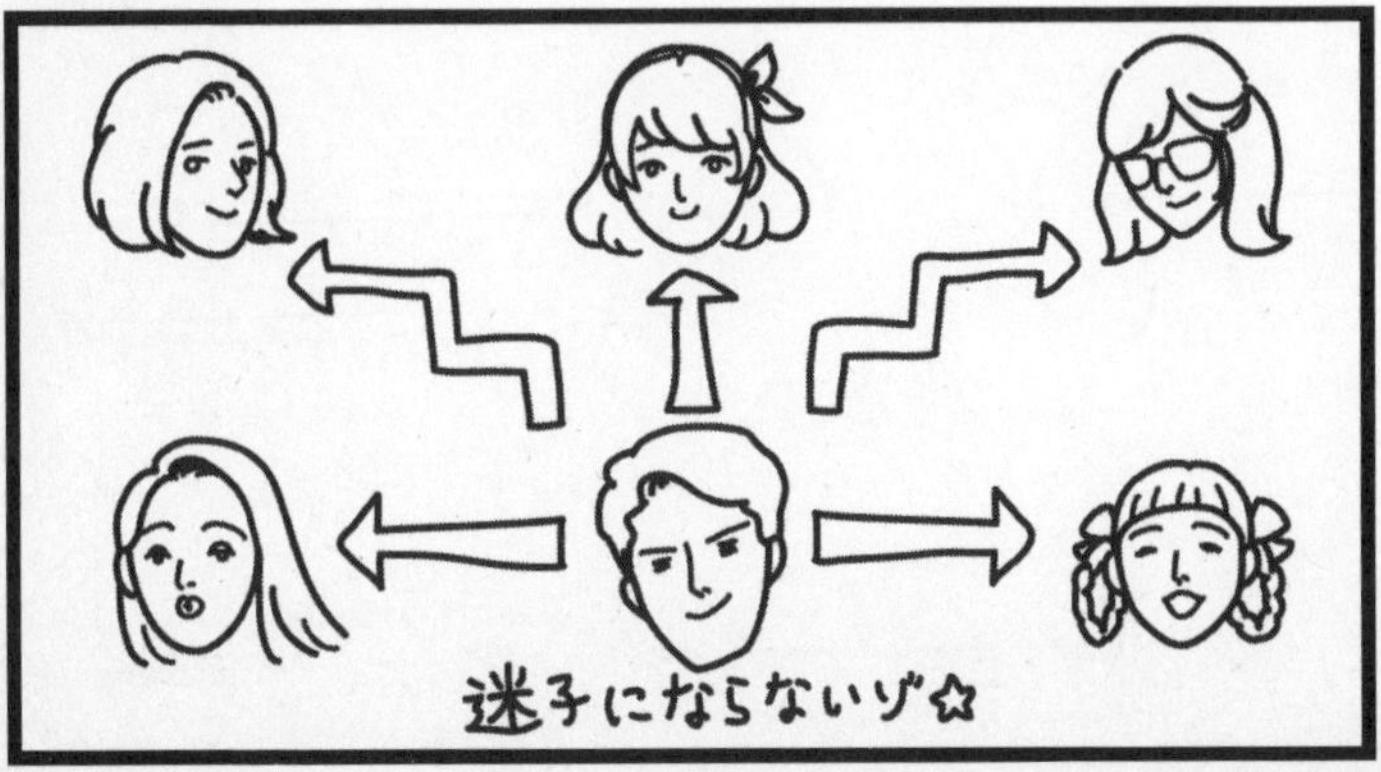

## Q 日本が開発しているバイオエネルギーは?

石油に替わる新しいエネルギーの開発は世界各国で進められているが、日本では一風変わったエネルギーが開発されている。藻をつかったバイオエネルギーで、この藻は榎《えの》本《もと》平《たいら》教授の名をとって「榎本藻」と名付けられている。

「榎本藻」は、炭化水素（重油）を生産するボツリオコッカスを、およそ1000倍の増殖力にしたもの。

太陽光と二酸化炭素があれば、あとは厳密な環境調整も必要なく勝手に増殖するので、本格的なエネルギー利用の開発が進められている。

## A 榎本藻

# 第7章

# 「人体」には
# 文系には想像も
# つかない力が眠っている?

# 神経細胞が情報を伝える速さは時速400キロメートル以上

人間は無数の細胞で成り立っている。

人間の脳を構成するのは千数百億の神経細胞だ。目や耳、鼻、手といった感覚器官によって得た情報を神経細胞によって脳に運ぶ。

神経細胞の中を電気信号が流れ、情報が伝達される。神経細胞を構成するのは、ＤＮＡをもつ核やミトコンドリアを維持する細胞体、別の神経細胞から情報を受信する樹状突起、受信した情報をまた別の神経細胞へ送信する軸索だ。

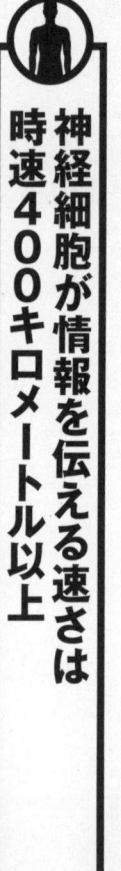

この情報処理にあてる時間はなんと時速４００キロメートル以上。先日、新幹線の最高速度を時速４００キロメートルまで引き上げる技術開発を行っているとＪＲ東日本が発表（東海道新幹線は時速２８５キロメートル）したのだから、恐るべき速さだ。

ちなみに、このスピードは一定ではなく、先ほど示したのは神経のなかでももっとも速い運動神経の部分。その次に、触覚や圧覚などを司る神経が速く、自律神経になると時速10・8キロメートルとかなり遅くなる。ここまでは有髄神経とよばれる部分の話。

さらに遅い無髄神経とよばれる部分があり、時速1・8キロメートルと、人が歩くよりもかなり遅い速度になる。

## 体の血管を全部つなぐと地球2周半にもなる

血液を通じて酸素や栄養を全身に行き渡らせる血管。血管中の血液循環は、動脈を通じて心臓から送り出され、静脈を通じて心臓へと送られる。こうして血液は全身を回り、酸素や栄養が人体の末端部分にある毛細血管へと行き渡る。

血管は心臓の近くにある大動脈が直径約3センチ、体の末端部分を通る毛細血管は0・005〜0・02ミリ。これらすべての血管をまっすぐにつなぐと、およそ10万キロにもなる。これは地球2周半に及ぶ距離に相当する。

## 人間の細胞数は60兆個ではなく37兆個だった

人間のみならず、生物はすべて無数の細胞でできている。細胞はおよそ1ナノグラム(10億分の1グラム)であるから、体重およそ60キログラムから単純計算して60兆個になる。しかしどうやらこの数字は誤りであるらしい。2013年にイタリアの生物学者が科学雑誌に人体の細胞数についての論文を発表。器官の細胞数を過去の研究成果より集計、わかっている器官の体積を細胞の体積で割るという作業により、統計的に37兆個という数字を算出した。

## 鼻の穴が二つになった深い理由

鼻は主に、臭いを嗅ぎ分け、呼吸するという二つの役割がある。では、この二つの役割を左右でつかい分けているかというと、そんなことはない。鼻の二つの穴には仕切りがあるのはご存知のとおり。この仕切りを「鼻中隔」と呼ぶ。空気を呼び込む際、ゴミも同時に入り込むのだが、これを除去するのが鼻腔《びこう》内の粘膜。この粘膜を広くとるために、鼻中隔が存在するのだ。

## ヒトの骨の数はいくつある?

人間の骨はおよそ２０６個存在する（正確な数は人により、２００〜２０８個あるとされる）。

頭蓋骨だけでも23個。頭蓋骨内部では耳小骨がもっとも多く、人骨の中で最小の骨もこれに含まれている。

肋骨《ろっこつ》は24個（左右12個ずつ）で胸骨は1個。脊髄骨は23個。上肢骨は64個（左右32個ずつ）、下肢骨は62個（左右31個ずつ）。

ちなみに大腿骨《だいたい》はもっとも大きい。男性平均は41センチ、女性平均は28センチ。

## なぜ録音した声はいつもの自分の声と違うのか

外部の音というのは、空気の振動として耳に入る。この振動が鼓膜を通して内耳へと伝わり、脳へと到達する。

これに対し、自分の声はこうした形で耳に入るルートとともに、頭蓋骨内部で響く骨伝導音が混ぜ合わさって耳に到達する。自分の声が耳に到達するルートだけは、外部音とちょっと違う複雑な筋道をたどるのだ。録音した声というのは、骨伝導音を通していないため、低音が弱まり、高い音になるのだ。

## 男と女で声が違うのにはワケがある

一般的に、男性の声は低く、女性の声は高い。この違いは第二次成長期を迎える頃の男性の声変わりから顕著になってくる。11～14歳の間に喉仏《のどぼとけ》が出てくる。この喉仏が咽喉《いんこう》の中を広げ、声帯を伸ばす。こうして空気の振動に変化が起こり、高低に変化が生じるのだ。

## 寿命と初体験年齢の意外な接点

寿命には「限界寿命」といって、種レベルでの寿命の規則性がわかっている。まずは妊娠期間。これが長いほど寿命も長い。また一度の出産での個体数が少ないほど寿命も長い（つまり、多産ほど寿命が短い）。

次に、体重（または脳）の重さ。例えば犬猫は10歳ほどなのに、象はおよそ60歳以上生きる。また、体重別での代謝率が低ければ低いほど寿命も長い。つまり体重の重さに比較して摂取する食物量が多いほど短命なのだ。

幼齢、成熟期に死亡率が低い種もまた「限界寿命」が長い計算になる。

以上に挙げた規則性で寿命が長い方すべてに当てはまるのが人間だ。限界寿命は120歳。ちなみに、限界寿命の指標として次の計算式がある。

限界寿命＝5・14×性成熟年齢＋9

この式によれば初体験年齢が遅いほど長寿だということになる。が、あくまでも種レベルの話なので、個人差が寿命に関係するわけではない。初体験が早かった人はご安心を。

## 鳥肌は意味のない機能だった

寒い時、恐ろしい目にあった時、または感動した時に全身を駆け巡る鳥肌。もともと鳥肌は体毛の多い動物に備わっている。交感神経が刺激され、立毛筋の収縮によって毛穴が閉じ、体毛の根元が立つ。こうして体毛（もしくは羽毛）が外気を遮断し、体内の熱が温存されるのだ。人間が進化する過程で体毛が薄くなったため、意味のない機能となってしまった。なお、交感神経は恐怖や喜びによっても刺激されるので、鳥肌も立つようである。

# 別腹は本当にあった

いわゆる満腹中枢というのは、胃から分泌されるレプチンの働きによって刺激される。満腹状態を胃が判断し、レプチンを分泌。これを脳の視床下部が受け取ることで満腹状態を認識するのだ。

では「別腹」とは一体何なのか。

ケーキを見ると、美味しかった記憶などが喚起され、脳内で「オレキシン」という物質が分泌される。脳内で分泌された「食べたい」という欲求が胃の顫動《せんどう》を促し、胃に空間をつくる。「別腹」とは比喩でもなんでもなく、物理的な現象なのだ。このオレキシンが分泌されるのは、甘いものだけとは限らない。大好物であったり、思い入れのあるものも同様。

レプチンは胃から分泌されて脳へと作用するもの。オレキシンは脳から分泌され胃に作用する。この違いだ。

## フラッシュで撮影すると目が赤くなるのはどうして？

フラッシュ撮影というものは、光量の少ない暗い場所でするもの。赤い目になってしまうのはこの撮影条件が原因だ。

人間の目は暗い場所では瞳孔が開いた状態である。光を求める反応だ。明るい場所に出ると瞳孔は収縮するのだが、急にフラッシュを焚《た》いてもすぐには瞳孔が閉じない。瞳孔が開いた状態では、網膜に走っている毛細血管の色が反射する。この赤い色が反射して、赤い目に写るのだ。

## たった一回のコカイン摂取で脳は劇的に変化する

コカインはたった一回の使用だけでも劇的な変化をもたらすことが最近の研究でわかってきている。

アメリカの研究グループが実験したことによると、マウスの前頭葉にある樹状突起がたった一回の摂取によって反応を示した。しかし副作用は直ちに訪れる。スパインとよばれるこの樹状突起が脳の配線を変え、コカインを求めるようになる。こうして依存性が生まれるのだ。

脳に劇的な効果をもたらすコカインは、また一方で強い依存性をたった一回でつくり上げる。とにかくよく「効く」のだ。

## 盲点は人間の中に本当にあった

片目をつぶると、両目が開いた状態より視野は狭くなる。これは左右の目が見たものを相互補完して目の前のものを把握しているのだ。

ものを見るということは、外から入り込む光を網膜にある視細胞で受け取る仕組みだ。視細胞から視神経によって電気信号に変えられた光の情報が、脳に送られて、位置関係や明るさの分布など様々な特徴を捉える。

束になった視神経を「視神経乳頭」と呼ぶが、ここが盲点だ。ここには視細胞はなく、光を感じ取ることはできない。

盲点は左右どちらにも存在する。

## 逆立ちしてものを食べるとどうなるの？

食道は、単なる管ではない。

咀嚼《そしゃく》された食物が胃に届くまでは、重力ではなく食道の筋肉運動によって運ばれる。つまり、たとえ逆立ちしようと、宇宙船など無重力状態でも、胃に届くのだ。これは、なんと飲み物でも違いはない。摂取された水や食物は、口から食道、胃、大腸と、絶え間ない筋肉運動によって運搬されていく。逆さに振ったらこぼれ落ちるなどということも起きない。

# 小腸の表面積はテニスコート1面分

小腸の役割は食物の輸送、栄養分の吸収に大別される。粘膜層からアミノ酸、ブドウ糖、グリセリド、脂肪酸などの分解物に消化する。こうした消化活動を収縮と弛緩《しかん》のダイナミックな筋肉運動によって運んでいく。

まずは長さおよそ30センチ、太さ5センチをもった十二指腸で食物を消化。そのあと空腸、回腸と少しずつ細くなり、最後には直径3センチになる。絨毛《じゅうもう》とよばれるビロード状のひだが腸粘膜の表面を覆っており、これで表面積は30倍に。さらに、絨毛の表面には微絨毛というさらに細かいひだが覆っていて、これで20倍。計600倍、200平方メートルもの表面積になるのだ。これだけの表面積で食べ物と触れ合うことが、効率のいい栄養吸収の秘けつとなっている。

小腸は十二指腸、空腸、回腸合わせておよそ6メートルだが、表面積はテニスコート1面分に達するのである。

# 大腸には細菌が1・5キログラムもいる

人間の消化器官だけでは、食物をすべて分解することはできない。腸内細菌の力を借りて食物繊維などを大腸で吸収できる成分に変える。

細菌という以上、単なる微生物だから大したことないと思われがちだが、大腸菌や乳酸菌など1000種類もの腸内細菌が人体にひしめいている。テニスコート1面分の表面積の中に、まるで花畑のように細菌がひしめいていることから、「腸内フローラ」というよび方をすることもある。その数はおよそ100兆。腸内細菌をすべて集めると1・5キログラムにもなる。

この1・5キログラムにまで達する腸内細菌の助けを借りて、栄養の90％を吸収するのだ。

腸内細菌の恐るべき活動は同時に、硫化水素を発生させる。これがガスとなって肛門から除去される。これがおならの正体だ。

## 涙は流したときの感情によってその味が変わっていた

涙の役割は、目の表面を保護すること。眼球を潤して菌を洗い流し、角膜に栄養を与えることもある。

たいていの涙は涙腺から分泌され、眼球の表面から蒸発する。涙は嬉《うれ》しい時も悲しい時も流れるが、実は成分が少しだけ異なる。「悲しい時の涙はしょっぱい」というのは比喩でも気のせいでもないのだ。

感動する時は交感神経が急速に高まるが、その後副交感神経の働きによってリラックスする。この時に流す涙は、既にリラックスした後になるので、水っぽく薄味になる。

しかし悲しさや怒りによる涙は、交感神経の働きが活発化すると同時に、自律神経のバランスを取ろうとする副交感神経の働きで涙を流す。しかし交感神経の方が優位なため、ナトリウム濃度が高まって文字通り「しょっぱく」なるのだ。

# 汗と体臭の原因

汗は2種類に大別される。ひとつは全身にくまなく分布しているエクリン腺から分泌されるエクリン汗。水と塩分で構成され、体温調節の働きをもつ。もうひとつは腋《わき》の下や股の下、毛穴に分布しているアポクリン腺から分泌されるアポクリン汗。タンパク質、炭水化物、アンモニア、脂質も含む。

このアポクリン汗が体臭の原因と思われがちだが、実態はいささか複雑だ。エクリン汗はおろか、アポクリン汗も本来は無臭だ。しかし夏場だとエクリン汗が大量に出て腋の下や毛穴を蒸らす。すると細菌が発生する。

またアポクリン汗も外気に触れることで変質。つまり、エクリン汗、アポクリン汗、そして皮脂も混じり合って汗臭さが増すのだ。

体臭の対策は、汗腺の収縮や切除などの医療行為が有効だが、そんなことをしなくても、こまめに入浴し、清潔を保つのがシンプルながら近道といえるだろう。

# なぜ二日酔いが起こるのか

酒に酔うのはエチルアルコールが原因だ。胃腸から吸収され、血中から脳に至り、大脳皮質、脳細胞とアルコールが回って麻痺《まひ》を起こす。大脳皮質を麻痺させると、本能的な欲求行動に影響をもたらし、明るく開放的になる。

次に旧皮質、運動神経へと回ると歩行困難、指の震え、ろれつが回らない状態になる。これが泥酔状態だ。これが脳幹に達すると呼吸器にまで影響し、死に至ることもある。

アルコールは体内でアセトアルデヒドに分解され、やがて水と二酸化炭素にまで分解されるが、アセトアルデヒドは毒性が強く、この物質が二日酔いを引き起こすとされている。日本人は欧米人に比べ、酒に弱いとされている。これはＡＬＤＨ（アセトアルデヒド脱水素酵素）をもたない人が多いことが挙げられる。酒に強い弱いの違いは「鍛えかた」の問題ではなく、あくまでも体質の問題なのだ。

# おたふくかぜと水疱瘡はなぜ同時にかからないのか

病原体を相手に戦う免疫システム。これには2種類あり、獲得免疫系と自然免疫系に分けられる。

獲得免疫系は未知の病原体を参考に抗体をつくり出す受動的な機能。次に自然免疫系。これは免疫細胞で病原体を攻撃する能動的な機能だ。この二つの働きをまずは念頭に置いてほしい。

おたふくかぜ（流行性耳下腺炎）にしても水疱瘡《みずぼうそう》（水痘《すいとう》）にしても、一度かかれば二度かかることはないという特徴がある。

ということは、これら病原体の侵入を受けた際には、自然免疫系の働きが活性化する。免疫細胞が増進し、別の病原体がつけいる隙がない状態になる。

よって、おたふくかぜに罹患した状態で、水疱瘡が併発するということはないのである。

# 第8章

# 知っておくと役立つ「天気」の知識

# 空が青く見えるのはどうして?

晴れ渡る空は青く、夕日はまぶしく真っ赤。空気に色はないのに、どうしてこれほど鮮やかな色が上空を染め上げるのだろうか。

人間の目が物質の色を検知するのは、光の作用がもたらすもの。これは空中においても同様だ。太陽光が大地に向かって降り注ぐ時、空気中の窒素や酸素の分子にぶつかる。光の中でも特に波長が短い青い光は、より強く散乱する。こうして青い光が広がり、空が青く映るのだ。

昼間なのに空の色がはっきりした青にならず、白みがかってしまうことがあるが、これは大気中に水蒸気が多いためすべての色が出て白になってしまうのだ。

ちなみに、朝や夕方になると太陽光が斜めに差し込む。これによって、青い光に代わって(散乱されにくい)赤い光がみえやすくなる。こうして真っ赤な夕焼けが現出するのだ。

# 天気予報はどうつくる?

日本全国に存在する気象台と測候所。ここから気温、湿度、降水量、雲、風速、風向き、視界などを観測。無人観測施設である「地域気象観測システム」(アメダス)も全国130カ所に設置されている。

また、雲の動きや海面の温度などのデータを集める静止気象衛星ひまわり、観測装置をつけた気球などで高度約3万メートルまでのデータも集めている。こうしたデータを世界中の気象機関から集められたデータとともに集計し、スーパーコンピューターによって自動的に予測をつくり出す。この仕組みは「数値予報モデル」といわれ、データも山岳などの地形、太陽からの放射、地表面の摩擦、雲の生成・消滅や降水などの様々な影響が考慮されている。

しかしこうした自動予測は間違いも多い。この誤差を埋めるのは気象予報士の仕事だ。最後は人間の判断なのだ。

# 最近増えている集中豪雨の原因は積乱雲だった

なんの前触れもなく突然降り出す、地面に叩《たた》き付ける雨に往生したことは誰にでもあるだろう。不意打ちのような集中豪雨が繁華街を一時的にゴーストタウンにする、このシュールな光景は都市の風物詩だ。

この集中豪雨の原因は積乱雲によるもの。

上昇気流によって成長した積乱雲は、厚いものでは1万メートルに達する。この積乱雲が移動して巨大な群れを成すことをバックビルディング現象という。

このバックビルディング現象が集中豪雨の原因。積乱雲が風下に移動して次々と新しい積乱雲を形成し、雲が消えて雨が止《や》む間もなくまた別の雲が雨を降らすのだ。

このバックビルディング現象は地上付近と上空とで風速、風向きが違うとできやすいことはわかっているが、それでも予測は難しい。

## なぜ日本から遠く離れたペルー沖の海水温が世界に影響するのか

太平洋赤道域の日付変更線付近から南米のペルー沿岸にかけ、海面水温が上昇してそれが1年も続く現象。これをエルニーニョ現象という。

熱帯太平洋の海上では本来、東から風が吹く。これが貿易風となって温暖な海水をインドネシア近海へと流していく。そして海底から冷たい水が上昇する。このため、太平洋赤道域の海水は、東側が冷たく、西側が温かいという状態が通常となる。

そして、インドネシア近海に溜まった温暖な海水が水蒸気となって積乱雲となり、雨を降らす。こうした積乱雲が西から東に向かって吹く偏西風によって北へと押し上げられる。こうして太平洋高気圧が北へと張り出されて、日本が夏になるわけだ。

しかし温暖な海水が東に移動するエルニーニョ現象はこうした偏西風の働きを

阻害してしまい、日本ではいつまでも梅雨が明けない、ぐずついた天気となる。遠くペルー沖の海水温が日本列島の天気に影響をもたらすのである。余談だが、エルニーニョとは「男の子」の意味である。

## エルニーニョの逆もある

エルニーニョとは逆に、海面水温が平年より低い状態が続く現象がある。これはラニーニャ現象とよばれている。ラニーニャとは「女の子」の意味だ。東から吹く風が強く、西部では温暖な海水が覆い、東部では冷たい水が湧き上がる。太平洋赤道域からペルー沖まで、エルニーニョと同様の広がりを見せる。やはり積乱雲の発生も同様だ。

ラニーニャはペルー沖の海水が低くなり、温暖な水蒸気が広範なアジア沿岸部に集まる。こうして雷雲ができ、太平洋上の東西で気温差が生まれ、風と海流が強まる。貿易風によりペルー沖の温暖な海水が流れ、冷たい風が海底より湧き上がる仕組みだ。

日本への影響はエルニーニョとほぼ正反対で、梅雨入り・梅雨明けが早まり、夏暑く、冬が寒い傾向になる。

## 雪が雨に変わるのか雨が雪に変わるのか

実は、日本に降る雨は、もともとは雪なのだ。

雨とは、大気中の水蒸気が空中で凝固、水滴になって落ちる現象である。雨雲の中で雪が生まれ、これが落ちる過程で溶けるのが「冷たい雨」。また、水滴が雲の中で既にできてしまう「暖かい雨」に大別される。日本で降る雨のほとんどは「冷たい雨」になる。

以上のことから、雪が雨に変わるのか雨が雪に変わるのかという設問は、もともとが雪であったものが雨に変わったり、雪のまま降ったりする現象と捉えてよいだろう。

# 雲は気体ではなく水と氷

巨大な綿菓子のような雲は、水と氷でできている。一体、水と氷がどうやって浮かんでいるのだろうか。

お湯を沸かす時のことを想像してみよう。水は沸騰すると気体になる。これは水蒸気とよばれる。湯気を水蒸気と取る人がいるが、これは勘違い。水蒸気は、あくまで無色の気体であり、湯気は細かな水の粒だ。

沸騰したお湯と飛散している湯気との間に、よく見ると空白ができている。この空白に、肉眼ではみえない水蒸気が放出されているのだ。これがすぐに空気中で冷やされ、水の粒（湯気）になる。この水の粒が間もなく水蒸気に戻る。

海面が太陽光によって温まり、海水が蒸発して水蒸気になる。これが冷やされることで水の粒となり、さらに冷やされると今度は氷晶となって、これらの混合が雲になるのだ。

# 霰と雹はどう違う？

霰《あられ》か雹《ひょう》か、白い粒が突如降り注ぎ、ギョッとさせられた経験は誰しもあるだろう。当たれば命の危険があるほど、大きい粒の時もある。

霰が降りやすい時期は、日本では5月から6月にかけて。南の海上から入ってくる湿った空気と上空の寒気がぶつかることで気候が不安定になる。空中の細かい氷の粒が、落下することで上昇気流に乗って再び上昇する。落下の際に表面が溶けだすが、上昇することで再び凍結。これを繰り返すことで徐々に重くなり、霰になる。

これよりさらに大きくなったのが雹だ。原理的には同じで、単に大きさの違いのみなのだ。雹は直径5ミリメートル以上、霰は直径5ミリメートル未満である。霰はさらに氷霰と雪霰に分けられ、雪霰は雪の周りに水滴がついて凍ったもの。また、霰も雹も、積乱雲の中で発生するので、雷をともなうことが多い。

# 地球上には最低気温氷点下93・2度の世界がある

人間が吐き出す二酸化炭素は、氷点下78・5度でドライアイスになる。それより下ともなると、死の世界といえるだろう。吐く息が凍るわけだから、呼吸は痛みを伴い、呼吸器も凍り付く。瞬間冷凍による突然死は近年のハリウッドのSFパニック映画でも盛んに視覚化されているが、この想像を絶する氷の世界は現実の地球に存在するのだ。

南極大陸のボストーク基地で、地球上でもっとも低い気温が観測されたのは1983年のこと。この時の気温は氷点下89・2度。とても地球上とは思えない、まさに身も凍るような寒さだ。

さらに2010年8月10日、人工衛星ランドサットが観測したデータに、ドームAの氷点下93・2度というのもある。こちらは地表面の温度であるため、観測史上最低の気温であったかどうかは不明となっている。

# 北極よりも南極の方が寒い

北極と南極は、どちらも赤道からもっとも離れた極点であり、寒さという点では素人目にあまり違いがない印象だ。しかし実際には北極よりも南極の方が寒い。これは一体どういうことか。

一番大きな違いとして挙げられるのは、北極は海面に氷が浮かんでいること。一方で、南極は大陸の上に氷ができた状態である。これはつまり、標高が違うことを意味する。

南極の大陸そのものは、標高が決して高いわけではない。岩盤の平均は15メートルだ。北極の氷の高さは最大で10メートルほどで、この時点では大きな違いがないかにみえる。しかし南極は、この大陸の上に氷床が乗っており、これが平均して2450メートルの厚さになる。気温は標高が高いほど低くなるし、内陸部の方が寒くなりやすい。このそびえたつ氷の山が、南極が世界一寒い理由なのだ。

# オーロラは太陽からの贈りもの

オーロラを構成するのはプラズマ粒子だ。

太陽から放出されるプラズマ粒子を「太陽風」と呼ぶ。この太陽風は本来、地球の磁力によって跳ね飛ばされる。だが太陽風の一部は「プラズマシート」という磁気圏内に滞留する。ある程度滞留すると、地球の磁力線に沿って、北極や南極に降り注ぐ。これが大気中の粒子とぶつかると、発光する。これがオーロラの正体だ。オーロラの模様は、砂鉄が磁力線に沿う形に似ているのもこのためである。

観測できるのは、北極・南極点を中心に少し離れた楕円《だえん》形の一帯。人が住んでいる地域でいえば、アラスカやカナダ、ロシア北部、北欧の北部あたりで目にすることができる。

太陽光が活発化すると、オーロラが北海道で観測されることもごく稀《まれ》にある。

# 南半球では熱帯低気圧の渦の巻き方が逆

台風というと通常、左巻きに渦を巻いて日本列島に近づくイメージだ。台風とは熱帯低気圧のうち最大風速毎秒17・2メートル越えしたものを指す。発生の仕組みとしては、海から大量の水蒸気が上昇することで次第に渦を巻き、気流が生まれて暴風域を形成する。この時、水蒸気がいつまでも供給され続けると、熱帯低気圧はどんどん巨大化していくのだ。

この熱帯低気圧が渦を巻く時、地球の自転が作用している。地球は北半球から見た場合は左回り。左に回転した地球の上空を移動する台風は右にそれるため、左回転しながら空気を巻き込み、左回りになってしまう。これが南半球から見ると逆で、地球が右回りに回転しているので、右巻きになるのだ。

赤道直下では台風は発生しにくい。風が西から東に移動する際、垂直方向に回転することがほぼないからだ。

# 竜巻とつむじ風はまったく別物

突如、大地めがけて渦巻く雲、竜巻。晴れた日の放課後、学校の校庭を突風が渦巻く、つむじ風。竜巻とつむじ風は、スケールの大小以外では、見た目も原理的にも似ている現象。だが、実はまったく別の成り立ちで発生する。

竜巻は発達した積乱雲から生じ、上昇気流を伴って、あたかも雲から垂れ下がっているようにみえる渦巻き。一方のつむじ風は、同じ上昇気流でも地表付近の大気に発生し、強風が水平に加わって渦巻き状の突風が起こる。

いずれも上昇気流の賜物《たまもの》だが、積乱雲から下へ向かってが竜巻、大地から巻き起こるのがつむじ風だ。大小の違いではないのだ。また、発生の持続時間も大きく異なり、竜巻は数十分間にわたって猛威をふるう一方、つむじ風は1分程度でおさまる。またつむじ風は予兆がなく、晴れて乾燥した日に発生しやすい。梅雨時に雨が降らなかった年は、注意が必要だろう。

# 雷の威力は1億ボルト以上

雷は発達した積乱雲の中で発生する。

発生したプラスとマイナスの静電気が雲の上下にそれぞれ向かい、プラスの電気は小さな氷の粒と共に上昇し、マイナスの電気は大きな氷の粒と共に下降する。そして雲と雲、もしくは雲と地上で放電現象が起きる。これが雷だ。

雷の電圧はおよそ1億ボルトで、家庭用の100ボルトの電圧のなんと100万倍。これでエネルギー問題も一挙に解決しそうなものだが、ことはそれほど簡単なものではない。雷は1000分の1秒の間に発生するため、残念ながら電力利用は難しいのだ。

だがまったく利用できないというわけでもない。雷の多い年はなぜか稲やキノコがよく育つことがわかっており、人工的に雷を発生させてキノコを育てる研究が行われている。人間はたくましいものだ。

# 雨上がりに虹がみえるのはどうして？

虹は太陽の光が空気中の水滴によって反射、屈折した時に生じる。これが、雨上がりに虹ができる理由だ。

目に見えない無数の水滴がいわゆるプリズムの役目を果たし、細かな一滴一滴に光が反射、屈折することで光が分解する。この分解した光が分光スペクトルのように複数の色で同時に見られるのが、虹である。英語で「雨の弓」を意味するレインボーというように、弓のような半円弧状の帯で見られるのが一般的。ちなみにスペクトルとは、成分の大小ごとの配列のこと。赤から橙、黄、緑、藍、紫のグラデーションを想像していただきたい。

滝つぼであったり、じょうろで花壇に水を撒《ま》く時も、天気がよければ虹が発生するのはこの原理によるのだ。

# 台風はなぜ日本を襲う

台風が発生するたびに、日本に向かうかどうかが注目される。特に気象予報で台風の進路が日本を通過することがわかったりすると、予報が外れて別の方向に向かっていかないか望む気持ちになることがある。

だが、多くの台風は、沖縄あたりからまっすぐ北上したりせず、なぜか急カーブを描いて日本に向かう。理由は幾つかあるが、一番大きいのは風の影響。

台風は発生後、しばらくは貿易風という東から西に向かって吹き続ける風に乗って、西に向かう。沖縄のあたりで貿易風は弱まるので、気圧の影響で北に向かおうとするが、今度は偏西風の影響を受けるようになる。偏西風は西から吹く風なので、台風は東に向かって進むようになる。

また、台風は高気圧の外側を通ろうとする性質があるので、この時期に太平洋側で発生している高気圧のために、日本を縦断するかのような進路をとるのだ。

台風は日本を通り過ぎた後も吹き荒れることはあるが、多くの場合は北海道に差し掛かる前に冷たい空気と混ざり合って、温帯低気圧となる。温帯低気圧は冷たい空気と暖かい空気が混ざり合って生じる、前線を伴った低気圧のこと。こうなると次第に勢力が弱まり、やがて消滅していくのである。

## なぜ太陽のまわりに暈が現れるか

太陽のまわりに光の輪が発生する現象があるが、これは暈《かさ》とよばれている。光るだけでなく、虹が太陽を囲むこともあるだろう。

これは月の周囲にも現れることもあり、「月暈（つきがさ、げつうん）」という。これらは「巻層雲《けんそううん》」とよばれる薄雲が空を覆う時に見られる現象。雲は水や氷の粒でできていて、太陽の光線を反射させる。

そうすると、光の多い方向にこのような反射、もしくは屈折が起こる。これが太陽を囲むようにみえるのだ。

# 第9章

# 文系でも知っておきたい「IT」の知識

# 「ユビキタス」の簡便性と危険度

## 世界に先駆けた日本の発想

ユビキタスとは「神の遍在」という意味。究極的には、いつでもどこでも必要な情報が入手できるインフラが整備された状況のこと。

パソコンのつかいかたを知らない人ですら、インターネット上から瞬時に必要な情報を得ることができるシステムは、インターネット黎明《わいめい》期から構想されている。その中で1980年代に、日本の坂村健が現在のユビキタス・コンピューティング概念に近い「どこでもコンピュータ」概念を提唱。ユビキタス概念が輸入された際、この発想をもとに日本でもユビキタスの実現が構想されている。

## ユビキタスが変えた未来像

現在のユビキタスが目指しているの

は、総務省が2010年に提唱した「いつでも・どこでも・なんでもネットワークにつながった社会」。デバイスがなくても、ICチップや家電、乗用車などがネットワークと常時つながり、手間なく情報を送受信できる。

こうした未来像に向けて具体的に取り組まれているひとつの例がRFID。微小な無線ICチップによって利用者やその持ち物の情報（移動履歴など）を管理する技術だ。例えば、着用者が体調不良になれば即座に感知し、病院に行くことを勧めたり、体調のデータを病院に送信することもできるというわけだ。

## ユビキタスの危険性

健康だけでなく、一日の行動すべてを管理するユビキタス社会は、プライバシー保護の観点からの危険性は実際、なくもない。

管理が行き届いた生活は、それだけに不法にアクセスされることで個人情報は筒抜けとなる危険性もある。

近年も某企業の顧客名簿や、健康保険証の情報が流出して問題になった。今や個人情報が取引される時代。一括管理された個人情報はそれだけ強固なセキュリティが欠かせない。

# 無限の可能性を秘めたICカード

## そもそもICってなに？

ＩＣとはひとつの基盤の上で、トランジスタ、コンデンサ、ダイオードなどの電子素子を連結することで情報処理を行う集積回路であり、電子機器の中枢として働く。

この小さな回路がカードに組み込まれるＩＣカードは、見た目は磁気カードと同じだがその情報量は桁違い。磁気カードが日本語で72文字しか記録できないのに対して、ＩＣチップ内蔵カードは1万2000文字の記録ができ、基本的な内容であれば、あらゆる個人情報を保存できる。

## 広がるICカードの用途

ＩＣカードと磁気カードの違いでもうひとつ大きいのが非接触型の機能。スイカやパスモなど、読み取り機に近づけるだけでデータを読み取る非接触型は、カード内のコイルで電磁誘導によって電気信号を受け取る。

こうした便利さにもかかわらず、チップ自体の外部機器からの不正な読み取りは難しく、偽造もされにくい。乱数による鍵付きなど暗号処理がなされているからだ。磁気カードが、不正な読み書きを防止する手段がなく、比較的安価な装置で偽造が可能なのに比べると、格段に安全だ。

ICカードのセキュリティ性に対する需要は年々高まっており、「おサイフケータイ」など電子マネーへの普及、免許やパスポートにも用いられるなど、ここ数年でもICカードの裾野は急速に広がりつつあるのだ。

## ICカードの未来

この小さな回路はまだまだ無限の可能性を秘めている。例えば、カード利用者の認証チェック機能。精度の高い個人認証が求められる背景には、企業間での情報漏えいを防ぐ厳重なシステム構築という大きな目的がある。ICカードの用途は多岐にわたるが、次に求められるのは複数カードの統合である。本当の意味での「つかいやすさ」への動きは今も模索されている。

# コンピューターの単位・ビットとバイト

## ビットは情報処理の最小単位

よく聞くコンピューターの単位に、ビットとバイトがある。家庭用ゲームの初期の頃はよくビットという単位を耳にしたが、現在でも、パソコンのCPUのバージョンで「32ビット版」などとつかわれている単位である。

コンピューターの情報処理は「0」か「1」の2進数字によって行われている。ビットとは、この数字のどちらかが入るマスをイメージするといいだろう。つまり、コンピューターの情報にとっての最小単位を意味する。2進数字は英語でbinary digitといい、これがビットの語の由来となっている。

## 1バイト＝8ビットはIBMが決めた

対してバイト（byte）は、8ビッ

トをひとまとめにした単位。容量としては2の8乗＝256を表す。

バイトは、文字を表現する際に数ビットの容量を使用するため、便宜上文字を表す単位としてスタートした。そのため、初期のコンピューターでは5ビットから12ビットまで様々な枠組みがあった。

これを8ビットで統一したのが、現代のコンピューター社会を牽引《けんいん》したIBMという会社だった。いや、統一したというよりIBMが8ビットを単位としてコンピューターを組み上げていたので、他の会社もそれにならった、といった方が正確だろう。

## 日本語は2バイトで表現される

バイトは256通りの情報を扱えるので、半角英数は1文字につき1バイトで表現できる。

しかし日本語は漢字が多く、1バイトで表現し切ることはできないので、2バイトを使用する。すなわち、2の16乗で65536種類もの表現が可能になるのだ。

2バイトを使用する言語は日本語のほかに、中国語、韓国語、ベトナム語があり、その頭文字をとってCJKVなどとよばれることもある。

# コンピューターウイルスの脅威

## コンピューターウイルスの定義

　コンピューターウイルスの正体はコンピューターのプログラムだ。経済産業省は次の三つの定義を用いている。

　自己伝染機能（自らの機能によって他のプログラムに自らをコピーしまたはシステム機能を利用して自らを他のシステムにコピーすることにより、他のシステムに伝染する機能）。

　潜伏機能（一定時間、処理回数等の条件を記憶させて、発病するまで症状を出さない機能）。

　発病機能（プログラム、データ等のファイルの破壊を行ったり、設計者の意図しない動作をする等の機能）。

　自己伝染、潜伏、発病。まさに病原体の特色そのものだ。ウイルスの跋扈《ばっこ》は、パソコン人口が増え、生活に欠かせなくなったことによってますます巧妙かつ複雑化の様相を呈している。

## ウイルスの脅威

ウイルスの脅威は1990年代から起きはじめていた。もともとは悪戯《いたずら》程度のものだったが、ウイルスメール、データ消去、パソコン乗っ取りなど狡《こう》猾《かつ》な手段が用いられるようになった。

ウイルスの脅威は、ネット普及とともに膨らんでいったといえる。

クレジット決済時に個人情報を盗み出す、アダルトサイト利用者への不正請求（画面から料金を請求して消えないなどの被害）などは現在進行形で多発しているウイルスの脅威だ。

## ウイルス対策

ウイルスは少々の改変によって新種をどんどん生み出せるため、ウイルス対策ソフトを利用するのがよい。

ウイルス対策ソフトの更新は必須だが、利用者の心がけも大事だ。まずは見覚えのないメールや、差出人は知人らしいが、件名が不自然であるメールが来た時、無暗《むやみ》に開けないこと。クリックひとつで感染するウイルスが増えていることを認識しておこう。アダルトサイトはこういったウイルスの温床であるので注意しよう。

# ドメインの厳密な違いとは

## ドットコム？ドットｊｐ？

ドメイン取得の際、最後に表示されるドメイン名「．ｃｏｍ」「．ｎｅｔ」「．ｏｒｇ」「．ｊｐ」「．ｃｏ．ｊｐ」などには、実際どのような違いがあるのだろうか。

商用であれ個人であれ、汎用性の高い「．ｃｏｍ」「．ｎｅｔ」「．ｏｒｇ」の三つは実際、取得費用に若干の違いがある程度で大して違いはない。強いていえば、イメージの問題だろう。

## 単なるブランド性の違い

まず「．ｃｏｍ」は商業組織用のイメージであるが、取得費用がもっとも安い。かつてネットワーク用に使用されていた「．ｎｅｔ」はネットインフラのイメージがもたれがち。

「．ｏｒｇ」は非営利団体が主に使用

している印象だが、いずれも明確な使用区分があるわけではない。

信用度という点では、一般的には日本でしか取得できない「.jp」だろう。しかし「.jp」はSEO対策としては不十分。SEOとはサーチエンジン最適化の略称で、自分の会社や主力商品が検索される際に検索の上位に表示される技術のこと。検索結果の最上位に食い込むという点ではそこまでの利点はない。あくまでも日本のブランド性を高めるものと心得ておきたい。

SEO効果が望めるのは、なんといっても「.co.jp」。料金が高く、1企業にひとつ、そのうえ日本国内に登記のある企業のみが取得できる。こうしたブランド性が「.co.jp」の強みだ。では、多言語で展開したい場合はどうするのが吉か。「.jp」のほかにもうひとつ、その国のドメインを取得するといい。英語圏なら「.com」と併用するのだ。

費用を浮かしたいなら、「jp.○○.com」のように無料のサブドメインを取得するといい。

ドメイン名の違いは、ブランド性に関わってくるのみで、本来はそれ以上でもそれ以下でもない。ただ、こうしたつかい分けは商用展開する時には、気を付けてしかるべきだろう。

# HTML5とFlashの争い

## ユーザーにはわからないウェブの進化

インターネットを日常で使用していると、昨日できなかったことが今日できるようになっても、なかなか気づかないものだ。ウェブ上では進化は当たり前のことで、大きな変化であっても、その恩恵に感動する前に新しい機能が日常になってしまうのだ。

だが、技術の進歩の影には、常に主導権争いが発生している。例えが古いかもしれないが、ＶＨＳとベータのビデオ戦争のようなことがウェブ界でも行われているのである。

数ある争いの中で、近年特に大きかったのが、ＨＴＭＬ５とＦｌａｓｈの標準規格をめぐる争いだった。

## Flashを批判し続けたスティーブ・ジョブズ

数年前までウェブ上で動画コンテン

ツやアプリケーションを閲覧する時、支配的なツールだったのがＦｌａｓｈだった。ＹｏｕＴｕｂｅなどの動画サイトも、Ｆｌａｓｈムービーを標準的に搭載していた。

しかし、この傾向を大きく変えたのがアップル社の故スティーブ・ジョブズだった。ジョブズは革新的な製品やサービスを数多く生み出した一方で、既存のものに関しては激しく攻撃する性格の持ち主だった。なかでもＦｌａｓｈに対しては、自らが描くスマート社会に相容《い》れないツールとして、常に批判を続けていた。

このため、Ｆｌａｓｈを開発していたマクロメディア社を２００５年に34億ドルで買収したアドビ社は、アップル社との蜜月を続けつつ、ジョブズの批判に困っていた。せっかく大金を出して会社ごと買収した技術なのに、その開発を続けるべきか岐路に立たされてしまったのだ。

結局、アップル社の主力製品であるｉＰｈｏｎｅがＦｌａｓｈを採用せず、簡単な動画コンテンツを提供できるＨＴＭＬ５を標準にしたことでウェブ界の舵《かじ》は大きくＨＴＭＬ５に切られることとなり、アドビ社もついにＦｌａｓｈの標準化を諦めることとなった。

# 目視を上回る精度の客層分析システム

## 交通量調査は消えゆく運命

アルバイトでよくある、交通量調査。一日中街中に腰かけながら、黙々とカウンターをカチカチ鳴らすお仕事もいつかなくなってしまうかもしれない……。

通行人や客層調査は、人の目視によるものだった。年齢や性別などで判断ミスも多く、集計までの時間もかかり、コストがかかることが企業側にとってネックだった。

こうした作業をIT技術が肩代わりする時代が近づいているのだ。

## 恐るべき客層分析システムの精度

こうした作業を短時間のうちに処理、逐一記録していく待望の技術が、客層分析システム「RESCAT-CA（レスキャットシーエー）」だ。監視カメラに取り付けられたシステムは、ネットワークを通じて演算処理。最大20人の年齢、性別を一度に識別できる。しかも同一人物が通りかかった時はこれを記録から弾く機能もあるというから、驚きだ。また、「M2M」サービスによって複数箇所で同時に作動させることもできる。24時間ぶっ通しで動くのだから人力では到底敵わない情報精度を誇る。またこのシステムは、自らの稼動状況もチェックし、保守点検の手間も省く。自分で自分の身を守れるのだから恐れ入る。

沖電気工業が開発したこのシステム、10年以上の開発期間を経た顔認識エンジン「FSE®（Face Sensing Engine）」をベースに実用化にこぎつけている。

## プライバシーの保護は大丈夫か

こうした監視システムのネックは、個人情報保護の問題。これに対する配慮も映像を「RESCAT box」から外部に出力しない仕様であることで、決着がついている。

「RESCAT-CA」は実は既に2012年に販売がはじまっている。あなたの街にも、恐るべき精度で動いている可能性がある。

# クラウドコンピューティングとは

## 「クラウド」とはなにか

　クラウドコンピューティングとは、自前のパソコンやスマートフォンに内蔵された機能ではなく、ネット接続を通じてアプリの機能をつかうこと。自前のパソコンなどにはアプリは入っていなくても、ネット接続のみで、アプリが行うのと同等の機能をつかうことができる。

「クラウド」とは、そのために利用される外部のサーバーのことである。

　現在、様々な形態が登場しているが、もっとも利用されるのは「Ｄｒｏｐｂｏｘ」のような作成したデータを保存するアプリだろう。

　いずれにしても、クラウドコンピューティングの利用は、日に日に簡便になっている。まず利用者が「クラウド」に登録する。ソフトウェアを利用し、作成したデータを保存・管理する。「クラウド」とはこうした作業をシステム化したもの。このデータは遠隔地のサーバーにネットワークを通じて保存される。これによって、利用者はソフトウェアを購入する必要もバックアップの心配もなくなる。

## 主な実績

「クラウド」利用は個人のものから企業用まで多岐にわたる。

個人利用は「パブリッククラウド」、また、企業内部のネットワークで社員が利用するものは「プライベートクラウド」とよばれる。

## 紛らわしい「クラウド」の概念

さて、「クラウド」と同じような概念もしくはサービスで、ＡＳＰサービス、ユーティリティコンピューティング、グリッドコンピューティング、ＳａａＳ《サース》／ＰａａＳ《パース》などがある。

こういったネットワーク上のソフトウェア、演算処理、データ記録などを行うことを「クラウド」と呼ぶこともあるが、厳密には間違いである。しかし、広く一般的に流通している概念が一人歩きしてしまい、なんとなくの感覚でつかわれているのだ。

# 理系の応用Q&A

## Q 塩やしょうゆをどれくらい舐《な》めたら人は死ぬ?

塩は人間にとってなくてはならない成分だが、一度に摂《と》り過ぎると死んでしまう。その致死量は、かなり個人差があるものの、30グラム～300グラムほど。30グラムであれば小さじ2杯ほどだから意外に少ないものと思えるが、摂ろうと思ってもとても口にできる量ではないだろう。一瞬でしょっぱ過ぎて無理やり吐き出してしまうのは間違いない。

しょうゆであれば168～1500ミリリットル…と、これもコップ一杯に満たない量だが、最後まで飲み切ることができるような量ではない。

## A 塩30～300g、しょうゆ168～1500ml

# Q 人が一生で流す涙の量はどのくらい？

涙といえば、一般的に悲しい時や感動した時など、感情が高ぶった時に流すイメージがあるが、実は眼球を潤している水分はすべて涙である。

この涙は、1日でおよそ0・5ミリリットルから1ミリリットルが分泌される。これをおよそ0・75ミリリットルと考えて、90歳生きたと仮定すると、人は一生のうちに24・6リットルの涙を流す計算になる。

感情の高ぶりによる涙は、1粒で0・2ミリリットルほど。よく泣いてしまう人は、数倍の涙を人生で流していると考えていいだろう。

## A 24.6l

# Q エルニーニョと並ぶもうひとつの異常気象の原因は?

エルニーニョ（もしくはラニーニャ）現象と並んで、大きな気候変動として注視される現象に、北極振動がある。北極圏の寒気が蓄積と放出を繰り返す現象のことで、近年は大きな寒波が北半球の国々を襲い、死者が出るほどの騒ぎになっている。

この北極振動がやっかいなのは、仕組みが複雑なために予測が困難であること。そのため、注意を喚起する暇《いとま》もなく寒波が襲い、大きな被害を出してしまっているのだ。

日本もこの現象で、２００９年から２０１０年にかけての冬には、大雪が記録された。

# A 北極振動

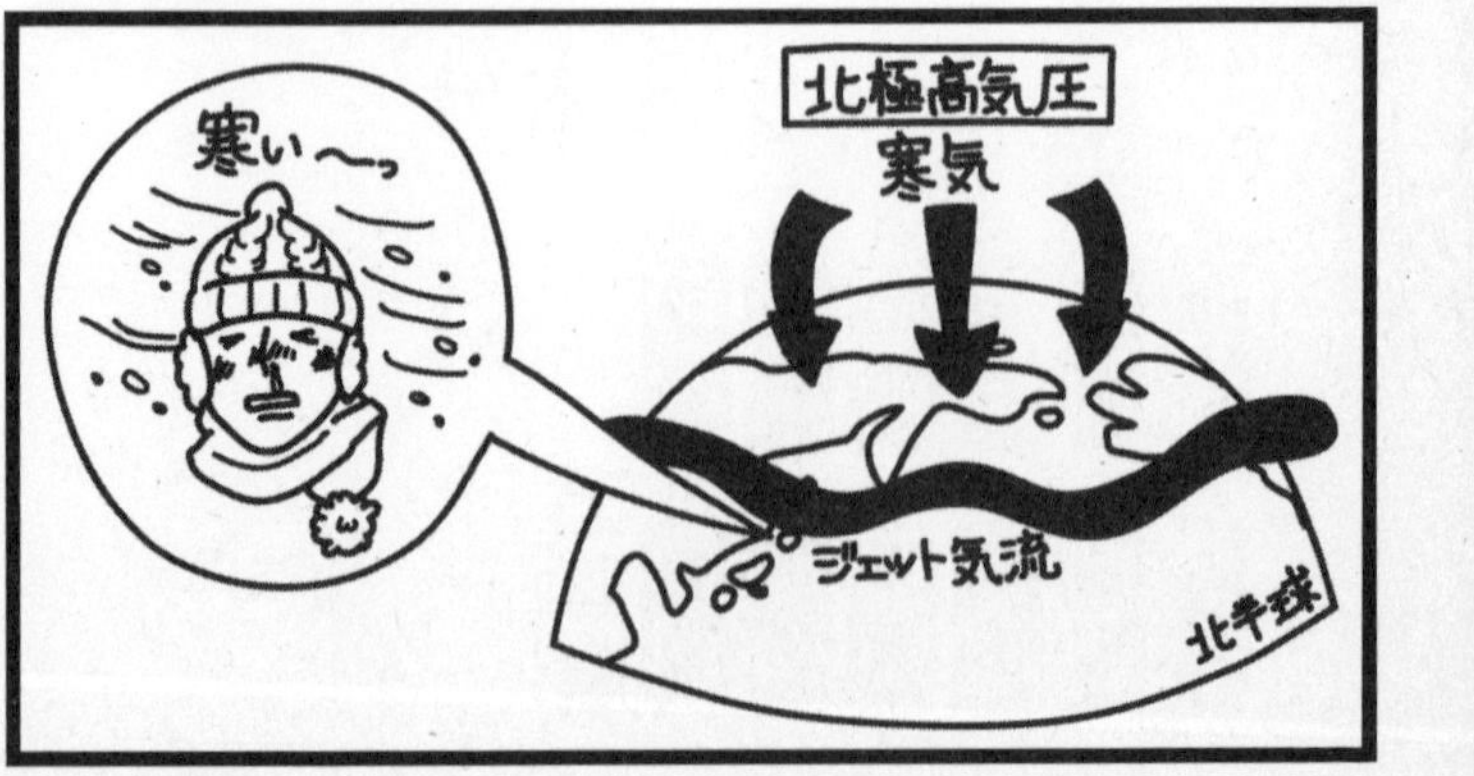

# 第10章

# 文系の人が知らない「植物」のおどろきの生態

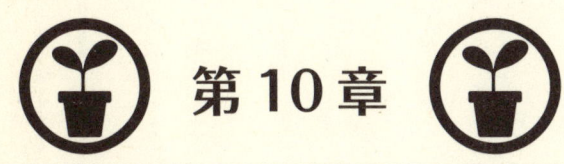

# 一生で2枚しか葉を生やさない奇想天外な植物

世の中には様々な植物があるが、普通、植物と聞いて頭の中で想像する時には、たくさんの葉がしげった樹木のようなタイプのものをイメージすることが多いのではないだろうか。

なぜなら葉は太陽光を受けて光合成を行う器官であり、葉の数が多いほど、効率よく太陽光を吸収できるからだ。葉には寿命があり、生いしげった葉は、ある一定の期間を過ぎると枯れて落ち、新たな葉が生えてくる。

ところが、その一生を通して、たった2枚しか葉を生やさない植物も実在する。それが、アフリカの砂漠に分布するウェルウィッチアだ。

高さは最大でも1・5メートル程度だが、直径は8メートルもあり、2枚しか生えない葉も2〜4メートルと大きく成長する。成長した葉は裂けて何枚もあるようにみえるようになるが、実際は2枚のみなのである。

なお、ウェルウィッチアの和名は「キソウテンガイ」。葉が2枚しか生えないという点も奇想天外だが、その寿命は1000年を超え、個体によっては2000年近く生きているものがあるらしいことも奇想天外。まさに名は体を表している植物だ。

## 良薬は口に苦過ぎる!? トリカブトは実は薬！

毒をもつ植物として有名なトリカブト。日本三大有毒植物と言われるほど、その毒は強力(三大有毒植物の残りの二つは、ドクゼリとドクウツギ)。ギリシア神話の死と魔術の女神ヘカテーを象徴した花で庭に植えてはならないといわれ、同じくギリシア神話の地獄の番犬ケルベロスのよだれから生まれたとのエピソードもある。

1986年にはトリカブトの毒をつかった保険金殺人事件も発生している。トリカブトの恐ろしさが大きく報道されたので、この事件が記憶に残っている読者もいらっしゃることだろう。

そんな具合に凶悪な植物であるトリカブトだが、実は古くから薬としても用いられている。附子《ぶし》、烏頭《うず》、天雄《てんゆう》とよばれる根の部分が漢方薬になるのだ。漢方薬としてのトリカブトには、強心作用、鎮痛作用、皮膚温上昇、血液循環の改善などの効果があるという。

ただし、強い毒性があるので、そのまま漢方薬となることはなく、毒性を限りなく弱める処理が必要となる。くれぐれも素人が手を出さないように注意していただきたい。

## マリモは本当は〝まり状〟ではなくて〝糸状〟

淡水に棲《す》む緑藻の一種であるマリモ。天然記念物にも指定されている北海道の阿寒湖のマリモが有名だ。阿寒湖のマリモは可愛《かわい》らしい球状の姿が特徴だが、実はマリモはもともと球ではなく糸状の植物なのである。糸状のマリモは丸まらず、湖底において芝生のような形で生育する。

ちなみに、1個の球状＝1個のマリモというわけではなく、球状のマリモは糸状のマリモが集まった集合体なのである。

球状というイメージが強いマリモだが、日本国内に棲息しているマリモで球状なのは、阿寒湖だけ（青森県の小川原湖でも、球状のマリモが発見されたことがある）。マリモはヨーロッパやロシア、アメリカにも分布しているが、海外で球状なのはアイスランドのミーヴァトン湖のマリモだけ（オーストリアのツェラー湖にも19世紀には球状マリモが棲息していたという記録が残っているが、消滅してしまった）。しかも、ミーヴァトン湖は世界最大のマリモの群生地だったが、2010年代に入って、工場の排水が原因でマリモが壊滅状態になってしまった。ますます阿寒湖の球状マリモが貴重な存在となったのである。

では、なぜ阿寒湖のマリモは球状になるのか？

阿寒湖でも北側のチュウルイ湾付近に球状マリモが棲息することから、一説ではチュウルイ湾に吹く絶妙な風が波を生み、それによって揺すられることで球状になると考えられている。

# 植物の血液型で人間との相性が判明？

「●型と○型の相性はいい」「○型の人はワガママ」というような血液型をもとにした性格占いは科学的根拠はないものの日本では大人気だ。ちなみに血液型占いが盛んなのは日本と、その影響を受けた韓国と台湾ぐらいだという。

人間に血液型があるように、動物にも血液型がある。ただし人間とは違って、犬の血液型は13種類にも分けられる。猫の場合は、A型、B型、AB型の3種類で人間や犬より少ない。

では、植物に血液型はあるのだろうか？　実は植物にも〝血液型のようなもの（類似物質）〟は存在する。人間と同じように、ABO式の血液型物質に対応するものが植物にもあるのだ。

動物とは違って植物ではA型とB型が珍しく、ゴボウ、ブドウ、ダイコン、サトイモがO型、バラやスモモ、ソバはAB型なのだという。

A型の人がA型の豚肉を食べると肉体に取り入れやすいと考える説もあるので、まだ植物にとって血液型がどういう意味をもつのか判明していないが、遠くない未来では「この血液型の人が食べると体にいい植物の血液型はコレ！」というような〝食の相性〟が判明するのかもしれない。

## 雨後のタケノコには理由があった

雨が降った後にタケノコがどんどん土から顔を出す様から「雨後のタケノコ」ということわざが生まれたように、タケノコは非常に成長が速い。孟宗竹《もうそうちく》や真竹は3カ月で高さ20メートルにも成長する。1日に最大約1・2メートルも伸びるほどのスピードだ。

植物の多くは茎のてっぺんだけが伸びるのだが、竹は節（タケノコの中にたくさんあるヒダヒダの部分）と節の間がそれぞれ伸びていく。植物の細胞が勢いよく分裂する部分を生長点と呼ぶ。多くの植物は茎や根の先端部分に成長点があるが、竹はそれぞれの節の上端にも生長帯という分裂組織がある。これにより、先端だけでなく、全体に伸びていくのだ。

その竹が伸びていく力が強い秘密は、地下茎にある。竹は地下に長々と地下茎を張り巡らせているが、この長い地下茎がたっぷりと養分を吸って蓄えているのだ。その養分のおかげでグングン成長することができるのだ。

竹がこれだけ速く成長する理由としては、林の中で光が届く高さまで急いで伸びる必要があるからと考えられている。雨後のタケノコは今すぐ日光を浴びようとしてドンドン伸びるのである。

## ピーナッツは地中で育つから落花生とよばれる

おやつやお酒のおつまみとして親しまれているピーナッツ。千葉県の名産品ということは有名かもしれないが、千葉のピーナッツが高級品だということはあまり知られていない。

スーパーなどで見かけるピーナッツの多くは中国産で、千葉県民も普段は中国産のピーナッツを食べ、ここぞというおみやげで奮発する時などに千葉県産ピーナッツを購入するのだ。

このように身近な存在でありながら、知られていないことが意外とあるピーナッツ。例えば、育っている段階のピーナッツがどういう姿なのか知っている人はどれぐらいいるだろう？　ピーナッツも枝豆や空豆のようにサヤに包まれて枝からぶらさがった状態で育つのだろうか？

実はピーナッツは地中で育つのだ。黄色い花を咲かせて自家受粉して、その約1週間後に子房（めしべの一部分）の付け根が下に伸びて土の中に突き刺さる。子房は地下で膨らんでサヤができ、その中にピーナッツができるのだ。

ピーナッツはラッカセイとも呼び、漢字で書くと「落花生」だが、その由来もこの成長方法にある。花が落ちたところの土の中にサヤができるようにみえたことから、落花生とよばれるようになったのだ。

土の中で成長する理由は諸説あるが、成長のために暗さと圧力と水分が必要という説や、動物や虫に食べられるのを防ぐためという説などがある。

# 昔、チョコレートはスパイシーな飲み物だった

甘い味がたまらなく魅力的であるチョコレートの主原料といえばカカオ。カカオは中南米の熱帯地域が原産の植物だが、カカオの実自体は甘くなくて、とても苦い。チョコレートを甘くしているのは砂糖であり、ヨーロッパにチョコレートが伝わった当初は今のような甘い食べ物ではなかった。

そもそもカカオは中南米のものであり、中南米の人はローストしたカカオ豆をすりつぶして飲んでいた。これがチョコレートのルーツ〝カカワトル〟である。味は甘くなく、カカオの苦みをやわらげるためにトウモロコシの粉やトウガラシなどを入れたスパイシーな飲み物だったという。カカワトルは不老長寿の薬と考えられていた。

16世紀の大航海時代にスペイン人コルテスがメキシコを征服し、そこでカカワトルと出会う。コルテスがカカワトルをスペインに持ち帰り国王に献上したこと

からチョコレートはヨーロッパ各地に広がっていく。当初は中南米の人々と同じように飲んでいたが、やがてお湯で溶かして砂糖を加えるようになる。

１８２８年にはオランダで発明されたカカオから油分を絞る技術でココアが生まれてチョコレートは飲みやすくなる。１８４８年にはカカオのペーストに砂糖を加えて固めた、食べるタイプのチョコレートをイギリスの会社が発売。１８７６年にスイスで、さらにミルクとココアバターを加える方法によりミルクチョコレートが生み出される。これが現在のようなチョコレートにつながっていくのである。

## 水底で育つレンコンは穴をつかって呼吸する

野菜のレンコンの特徴といえば、実に幾つも空いた穴である。その穴にカラシ味噌《みそ》を詰めて黄色い衣をつけて油で揚げれば、熊本の郷土料理カラシレンコンのでき上がりである。

カラシレンコンはレンコンに穴があるからこそ生まれた名産品だが、この穴はなんのために空いているのだろうか？

レンコンは漢字で「蓮根」と書くことからもわかるとおり、ハスの地下茎である。水生植物のハスは池などで生育し、地下茎のレンコンも水底で成長する。水底の泥の中は酸素が少ないので、水面に浮いた葉から酸素を取り込む。酸素は葉の気孔から葉柄を通り、地下茎であるレンコンまで届くが、その際に酸素が効率よく送られるように穴が空いているのだ。言ってみれば、レンコンの穴はレンコンが呼吸するための穴なのだ。

## 紅葉は葉の老化が原因だった

木の葉が赤くなる、秋の風物詩の紅葉《こうよう》。葉が黄色に変わることを〝黄葉《おうよう》〟、褐色に変わることを〝褐葉《かつよう》〟と呼ぶこともあるが、黄葉も褐葉も紅葉の一種である。紅葉が起きるメカニズムには、葉の色素が関係している。葉が緑色にみえるのは、葉の中のクロロフィル（葉緑素）という緑の色素の影響だ。クロロフィルは光合成で栄養となるでんぷんをつくり出しているが、葉が老化するとクロロフィルは壊れてアミノ酸になる。

光合成で作られたでんぷんが分解されて糖になり、アミノ酸と合成してクリサンテミンという赤い色素をつくり出す。

つまり、葉の老化で緑の色素が減り、赤の色素が生まれて、紅葉が起きるのだ。

また、気温差が大きく、急に寒くなった時には葉がきれいに色づくと言われているが、これにも科学的な根拠がある。

夏の間、温度が高ければ光合成ででんぷんが大量につくられる。それから秋になって急に温度が大きく下がると、緑の色素のクロロフィルの老化が速く進み、紅葉の原因となる糖とアミノ酸もたくさん生み出されて、赤い色素のクリサンテミンも多くつくられる。

紅葉の際にクロロフィルが残っていると、色がくすんで、きれいな赤にならない。夏から秋への変化だけでなく、昼夜の寒暖差で温度が大きく下がれば、クロロフィルもなくなり、より美しい紅葉となるのだ。

なお、葉が黄色になる黄葉は、黄色の色素のカロテノイドがクロロフィルよりゆっくり壊れて葉に黄色の色素が残ることから発生する。葉が褐色になる褐葉は、赤の色素ではなくフロバフェンという茶色の色素が合成されることで発生する。

## 蜂とのWin-Winの関係がイチジクの花を隠した

やわらかく、酸味も含んだ甘味が美味《おい》しいイチジク。イチジクは漢字で書くと「無花果」だ。花がない果物という意味だが、一体イチジクの花はどこで咲くのだろうか？

イチジクの実を切って内部を見てみると、真ん中の空洞部分に向かって、赤く小さな部位がたくさん並んでいる。なんと、この小さな部位がイチジクの花なのだ。イチジクの花は実の中で咲くのである。

このように特殊な形で花が咲く理由は、受粉の方法にある。原産地のアラビア地方ではイチジクコバチという小さな蜂が、イチジクのお尻の部分の穴から実の内部に入って中で卵を産むのである。卵から生まれた幼虫は実の中で果肉を食べながら成長し、実の中の花の花粉を体につけて外に出る。このことでイチジクは受粉ができるのだ。

つまり、イチジクコバチはイチジクの実に守られて卵から成虫にまで育ち、イチジクはイチジクコバチのおかげで受粉して種子をつくることができるという、Ｗｉｎ-Ｗｉｎの関係の共生なのだ。

このような関係があるため、原産地では蜂の幼虫がわんさか実の中に残ったままの時がある。だがその状態の実は、熟す前の状態の時。人間が食べたくなる頃には、蜂は飛び立っている。とはいえ、実の中で生涯を終えるオスなどの死骸が残ってしまっていることがあるので、アラビア地方でイチジクを購入する際には注意する必要があるかもしれない。

こうした事情でイチジクの花は実の中で咲くのである。

ちなみに日本にはイチジクコバチは棲んでいないし、日本のイチジクは蜂が花粉を運んでもらわなくても実をつくれるので、日本のイチジクの中に虫がいるということはないのでご安心を。

# 食物連鎖の掟を破る肉食植物

自然界の掟《おきて》といえば、弱肉強食の食物連鎖である。食物連鎖の輪の中において、植物は食べられる側である。

草や木の実を草食動物が食べ、草食動物を肉食動物が食べる。そして動物たちの死骸や落ち葉などが昆虫や菌類によって分解されて土に帰り、植物の養分となる。これが食物連鎖だが、なんとこの流れに逆行するかのように、動物を食べる植物も存在する。

食虫植物が、それだ。二枚貝のように葉を閉じて虫をつかまえて食べるハエトリグサや、袋状の落とし穴に落ちた虫を食べるウツボカズラなどが、食虫植物の代表例だ。

名前からも〝虫を食べる捕食者〟というイメージが強い食虫植物だが、光合成も行い、土からも養分を得ている。虫からの栄養はあくまで補助的なもので、虫が捕れないから食虫植物が枯れるということはない。

そう考えると、食虫植物の迫力のあるイメージが薄れてしまいそうだが、海外には食虫どころか〝肉食植物〟とまでよばれる植物も存在する。カエルまで食べるハエトリグサ、ネズミまで食べるウツボカズラなどが、肉食植物である。

## 『スター・ウォーズ』のロケ場所に天空に一番近い木が！

世界で一番大きい植物とは何だろうか？　その答えを知りたいなら、アメリカのカリフォルニア州のレッドウッド国立公園に行くといい。『スター・ウォーズ　エピソード6』の森林の戦いが撮られたことでも有名なこの公園に、樹高世界一の木がそびえたっているのだ。

世界ナンバー1になった木は、巨木として知られるセコイアである。その高さは115・55メートル。台座まで含めたニューヨークの自由の女神像よりも大きいサイズである。

木には「ハイペリオン」という名前がつけられている。ハイペリオンとはギリシア神話の太陽神の名前で、「高みを行く者」という意味がある。てっぺんが世界で一番高いところにある巨木にふさわしい名前だ。

ちなみにナンバー1の木だけでなく、2位の木と3位の木もレッドウッド国立公園に存在する。2位も3位も、どちらの木もハイペリオンと同じセコイア。2位の木はギリシア神話の神からとった「ヘリオス」と名付けられ、3位の木もギリシア神話が由来の「イカロス」という名前がつけられている。ハイペリオン、ヘリオス、イカロスが発見されたのは意外なことに2006年と比較的最近のことである。これは3本が生えていたところが、巨木が育つ環境に当てはまらない場所だったかららしい。

ハイペリオンの樹齢は約600年と、こちらもスゴいスケールだが、セコイアの樹齢は2000年を超えることもあるので、600年の樹齢であれば、これからもまだまだハイペリオンは成長するかもしれない。

なお、ハイペリオンの正確な所在地は公表されていない。大勢の観光客が押し寄せてハイペリオンが傷つけられるのを防ぐためである。

# 第11章

# 先端科学のネタ元になった
# スゴい「動物」

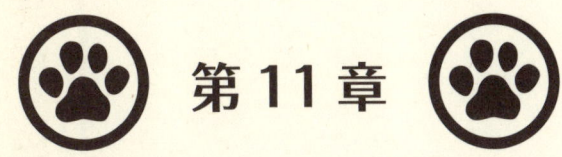

# 猫の舌の突起を応用したゴミ強力圧縮・掃除機

猫に舐められて、可愛い見た目に似合わないその舌のザラザラした感触に、驚いたことがある人も多いのではないだろうか。なぜあれほど猫の舌はザラザラしているのだろうか？　それは猫の舌の表面には喉の方向を向いた突起が、３００個ほども付いているためだ。この突起は、毛繕いの際にゴミを取ることや、獲物の肉を効率的に剝ぎ取るのに役立つのだ。顎の力が弱い猫の力を最大限に発揮するために、進化したものと考えられている。

この猫の舌の構造を取り込んだ掃除機がある。シャープのサイクロン掃除機である。スクリュー部分の底面のフィンの裏側に、風向きと対向する方向に、猫の舌を再現した突起をつけたのだ。これにより、主に繊維の圧縮性能が高まり、ゴミを約１／10まで圧縮することが可能になった。また、一度圧縮したゴミの再膨張を防ぐ効果も生まれた。

猫の手も借りたい、ならぬ、猫の舌を模した掃除機の登場である。

## リアルスパイダーマン!?　人工クモの糸

クモの糸と聞くとベトベトしているものの、細く、切れやすい印象がある。確かにスパイダーマンが手首から出す糸は強力だが、それは虚構の中の話である。しかし、現実のクモの糸は、実は鋼鉄の4倍の強度と高い伸縮性、さらに300度を超える耐熱性を合わせ持つ素材なのだという。スパイダーマンの出す糸も顔負けのものスゴい力をもつ素材なのだ。

そんな天然のクモの糸と同じだけの性能をもつ人工のクモの糸が開発され、大量生産へ向けて技術開発されつつあるのだ。世界で初めて人工クモの糸の開発に成功したのは、山形県のベンチャー企業・スパイバーである。

2015年に、日本語の「クモの巣」から「QMONOS（クモノス）」と名付けられ、試作品が公開された。

前述のように高い性能をもつだけでなく、石油を原料とせずにタンパク質を原料とするために低エネルギーで生産できることから、地球規模での環境問題にも大きな影響をもつようになると期待されている。

用途は、タイヤ、人工血管、自動車部品など。紫外線にも強いので、宇宙服の材料にもつかえるのではないかと考えられている。人工のクモの糸、それは世界的に大きな注目を集めている「夢の繊維」なのだ。

## 痛くも痒《かゆ》くもない!? 蚊をモデルにした針

痛くない注射が開発されないものだろうか……。誰もが一度は考えたことがあるのではないだろうか。そんな願いを叶《かな》える開発が進んでいるのだ。兵庫県の医療機器開発ベンチャー・ライトニックスによって現在商品化されているのは、いわゆる注射針ではなく、採血針である。採血に際して針を刺す際の痛みを最小限に軽減する採血針が販売されているのだ。

この「痛くない針」のモデルとなったのが、蚊だという。確かに蚊は針で刺すが、刺された際に痛みを感じることはない。なぜ蚊に刺されても痛くないのだろうか？　その理由の大きなもののひとつが、蚊の針の先端のギザギザである。皮膚に刺さった際、ギザギザの先端だけが皮膚に触れるため抵抗が小さくなり、細胞の損傷が最低限になり、痛みが抑えられているのだ。

蚊の針には、先端のギザギザのほかに、複数の針を連動させて皮膚を突き刺していく仕組みがあり、これも痛みを感じさせない理由のひとつである。長らく蚊を模した針の研究を行っている関西大学の研究室では、この複数の針の連動を注射針に生かす研究も進められているという。

## 天井に吸い付く秘技を利用したヤモリテープ

ヤモリを好きな人はあまりいないかもしれない。壁に吸い付くようにスルスルと上る様は、見ていて気持ちのよいものではない。しかし、垂直の壁だけではなく、天井にまでも張り付いて自由自在に這《は》い回る姿に、ふしぎさを感じたこともあるのではないだろうか？　一体ヤモリの足の裏は、どんな仕組みになっているのだろうか？

ヤモリの足の指先は、吸盤ではなく細かい毛が、1平方メートル当たり10万〜100万本もの密度で生えている。その毛の先端にはさらに100〜1000本程度に分岐した小さな突起がついている。吸い付く力の秘密は、この突起にある。この突起の先端が、ファンデルワールス力（分子や原子の間で働く引力）という力で、壁や天井の面に張り付いているのだ。もしヤモリがすべての毛とその突起をつかったら、130キロもの重さを支えることができるといわれている。

そして、ヤモリが壁を歩くためのもうひとつの大切な要素が、すぐに面から足を離せること。これは、指先の毛が独特の角度でカーブしており、それによって接面角度を変化させることによって、ファンデルワールス力を加減することが可能になることによるものである。

このヤモリの足のファンデルワールス力を利用したテープ、通称、ヤモリテープが開発された。これは接着力のあるテープでありながら、簡単に剝離できる上、従来のテープのように接着部に粘着剤が残らず、テープ自体も繰り返し利用できる特性をもつものである。また、粘着剤の質に左右されないことで、従来のテープより、接着できる素材が幅広いのも特徴である。

## 鳥の機能を取り込んで新幹線の騒音解消!!

動物の特徴を取り込んだ乗り物は多いが、新幹線もそのひとつ。新幹線の抱える問題点の中で、常に一番大きなもののひとつとされるのが、騒音問題。技術開発により走行速度が上がるほどに、走行時の騒音も大きくなる。この騒音問題を解消する技術も、実は動物たちから取られているのだ。

時速300キロの、開発当時の世界最高記録を打ち立てた新幹線500系。その開発時に壁となったのは、速度よりも騒音だったという。速く走らせる技術はあるのに、日本の密集した住宅の中を走る上で、どうしても騒音が問題となる。

中でも、もっとも騒音を発する部分が、パンタグラフ(集電装置)であった。車体から突き出たその形から、空気を乱して、音を生み出しやすいのである。その問題の解決のヒントを得たのは、当時の開発責任者・仲津英治氏が趣味のバードウォッチに出かけた際であった。鳥の中でも飛び抜けて静かに飛ぶフクロウを見て、その秘密を研究してみることにしたのだ。するとフクロウの羽にはセレーションとよばれる特有のギザギザがあることがわかった。そしてその仕組みをパンタグラフに取り入れ、騒音を30％も低減することに成功したのだった。

新幹線500系には、さらにもうひとつ鳥の機能が取り入れられている。カワセミのくちばしの形を模した、先頭車両の先端部分の形状である。新幹線の騒音がもっとも起こりやすいのは、急激に空気圧が変化するトンネルの出口である。俗にトンネルドンとよばれる騒音現象が起こる。この問題に対して、仲津氏が「抵抗の大きな変化を常時経験している生き物はいないか」と考えて、思い浮かんだアイデアがカワセミであった。このカワセミのくちばしの形状により、走行抵抗は30％程減少して、トンネル出口での騒音問題も解消したのだ。

ちなみに先頭車両の微妙な流曲線をもつ外装板金は、機械でなく、ひとつひとつ職人の手仕事でつくられているのだという。

# ガの「光らない目」を応用した無反射フィルター

暗闇で光る目といえば、猫の目が思い浮かぶが、哺乳類一般の目はほとんどが光る目である。それは、光を有効に利用して餌を見つけるためである。それに対して、昆虫の目はほとんどが光らない。それは昆虫のまぶたのない複眼が光ってしまうと、見つかりやすく餌にされやすくなるためである。また、夜行性の多い昆虫は、目の表面で光を反射させずに光を奥まで取り込むことで、夜目がきくようにできているからでもある。

その昆虫の中でも、特に光らないのが、ガの複眼である。ほとんどが夜行性であるガにとって、太陽光の100分の1の明るさである月の光は大切なもの。その光を最大限にキャッチするための構造が、モスアイとよばれる、ガの複眼の構造なのである。複眼の表面は300ナノメートルという小ささの無数の突起でできた凸凹構造になっている。この極小の凸凹構造が、光の屈折率を変化させるのと、さらに突起と突起の幅が光の波長より狭いことで、光を吸収するのだ。

モスアイ構造をヒントに、三菱レイヨンと財団法人神奈川科学技術アカデミーによって開発された無反射フィルターは、テレビやＰＣ、携帯電話のディスプレイなど様々なものへの応用が期待されている。

## 自動運転!? 魚の群れのように ぶつからない車が登場!!

テレビや映画や、または水族館などで目にする、魚の群れ。ものすごいスピードで泳ぎ続け、障害物を避け、急に方向を転換しながらも、密集した魚たちはぶつかることがない。駅の中などの混雑を思い浮かべるまでもなく、人間には決してできない芸当である。

なぜ魚たちはぶつからないのだろうか？　研究によると、魚は最寄りの魚との距離をおおよそ三つのカテゴリーで把握して、対応していることがわかっている。もっとも遠いエリアでは、その魚との距離が遠過ぎるため「接近」する。中程のエリアでは距離を一定に保つために「並走」する。このエリアでは距離だけでなく速度も合わせている。そして一番近いエリアでは、進行方向を変えて「衝突回避」をしようとする。この三つのルールによって動きに変化を与えることで、魚群を形成しているのだ。この魚の群れの行動原理を利用して、ぶつからない車の開発を進めている。日産自動車では、まわりの車との距離を、レーダーとパルス信号で測定して、その上で「接近」「並走」「衝突回避」をコンピューターが自動的に判断する車である。現在、技術開発の一環として、ぶつからないで集団走行するロボットカー・EPOROが発表されている。

海の魚のように、車同士がぶつからない社会がやってくるかもしれない。

## NASAも注目！　強いセラミックス、アワビの殻!!

食器などにもつかわれるセラミックス。軽量で、硬質で、耐熱性も高いという特性をもち、スペースシャトルの機体表面などの宇宙開発や、半導体などコンピューター先端技術などにつかわれている材質だが、割れやすいという弱点をもっている。割れにくいセラミックスを開発する上で、注目されているものがある。それがアワビの殻である。アワビの殻も、その体積の95%がセラミックス材料と同じ無機素材でできている。しかし、落としてもはもちろんのこと、トンカチで叩いてもなかなか割れない強い素材だ。その理由はその構造にある。アワビの殻は、1／1000ミリ以下の薄いセラミックの板が何千枚も重ねて接着された状態で出来上がっているのだ。強い衝撃を受けて何枚かの薄板が割れても、柔らかい接着層がクッションとなり、殻全体は無事というわけだ。

このアワビの殻のつよさを取り入れようと、世界中で研究が進められ、NASA（アメリカ航空宇宙局）でも研究プロジェクトが進められている。

## 色が着いていないのに様々に変色 タマムシ色の秘密

タマムシという虫をご存知だろうか。古くから「はっきりしないもの」の例えを玉虫色というが、その語源となった虫である。美しい外見をもつが、その色は色素によるものではなく、光の当たる角度によって変化する構造色である。構造色といってもピンとこないかもしれないが、我々の身近なものでいえば、シャボン玉やＣＤの面などは構造色をもつものである。タマムシが構造色をまとうように進化したのは、天敵である鳥が色が変わるものをこわがるためといわれている。

構造色は、色素などと違い、紫外線などによって色あせることがない。よって古くからタマムシの羽根は、装飾具として加工されるなどしてきた。現代では、このタマムシの発光の仕組みを利用した技術開発が進められ、色あせない繊維や、自動車の塗装などに利用されている。

## イルカの秘めた省エネのふしぎを、洗濯機に生かす!!

よくテレビなどで、イルカが船と並走して泳いでいる光景が映されるが、イルカの最高時速は50キロほどに達するので、それ自体はふしぎはない。ふしぎなのは、生物学的にみて、イルカは、その速度で泳ぐのに必要な筋肉量の1／7ほどの筋肉しかもっていないということである。そこには現在の物理学では解明できない神秘が隠されているのだ。

解明されていないながらも、速度をアップするのに貢献している幾つかのポイントは発見されている。

ひとつは、イルカが泳ぐ際に生まれる腹部の表皮のシワ。このシワは流れに対して90度の角度で、複数本できる。それでは流れを塞《せ》き止めてしまって、スピードが落ちてしまうようなイメージがあるが、このシワの溝が、水の流れと皮膚の摩擦で生まれる渦をクッションのように受け流すのだという。

二つめはイルカの尾びれである。三日月翼形をしているイルカの尾びれには、後方に水を押し出すのではなく、前方の水をかき出す作用がある。前方の水がなくなった空間に身体《からだ》を吸い込ませるイメージである。これが少ない動力で高速遊泳へとつながる泳ぎかただという。

このイルカの二つのポイントを、洗濯機の構造に応用したのがシャープである。底面の羽根・パルセータの表面に、イルカの表皮のシワを再現した溝をつくり、パルセータの裏側にイルカの三日月翼形の尾びれを模した翼を4方向に配置したのだ。この二つの組み合わせによって上下&回転運動をもつ水流が生み出された。それにより、洗浄力15%上昇、洗浄時間18%減少、そして消費電力18%減少、使用水量15%削減など、大きな省エネ効果を生み出したのだ。

## 災害時の活躍に向けて進化 水陸両用「ヘビ型」ロボット

災害時、瓦礫《がれき》の山の中の狭い隙間をくぐり抜けての生存者探索。そこで活躍するロボットの開発が進められている。そのロボットこそ、水陸両用「ヘビ型」ロボットだ。狭く曲がりくねった隙間を自由自在に通り抜けるといえば、ヘビの上をいく生き物はいないであろう。このヘビ型の開発は、実は何十年も前から行われていたのである。

ヘビ型ロボットの生みの親は、ロボット研究者の広瀬茂男氏である。1970年代初頭、大学の研究室に入った広瀬氏はヘビ型ロボットの開発を開始した。実際にヘビ料理屋から数匹のシマヘビを購入して、その観察からはじめたという。

そして、ヘビの運動パターンから、クネクネと波打って進む「サーペノイド曲線」と、素早く動く際に胴体の一部を持ち上げる動作「サイナス・リフティング」を発見して、ヘビ型ロボットの基本動作に組み込んだのだった。

その後、2004年の新潟県中越地震の時に現地で運用試験を行うなどして開発が進み、実用可能なレベルに近づきつつあるのである。

## 室内空調に生かす、いつでも快適なシロアリの巣の秘密

シロアリと聞くと、建築物を土台から破壊してしまうイメージがあるが、実はシロアリの巣が、人間の快適な生活に大きく貢献しているのだ。現代の建物は密閉感が高く、特に夏場は温度が高くなり、エアコンを過度に使用してしまうことになる。そこで目をつけられたのが、シロアリの巣の構造なのである。

シロアリの巣が多くあるサバンナ地帯の温度は、昼は60度に達し、夜は0度ま

で冷え込む。しかし、数十万匹が棲む巣の中の温度は、常時30度前後に保たれている。巣の天井部分には屋根裏部屋のような空間があり、そこに集められた熱されて汚れた空気は、外郭に沿った無数の細いダクトを通って巣の地下部分へと運ばれるのだ。そのダクトには開け閉めされる外界に通じる穴があり、これによってダクトを通る間に炭酸ガスが減り、温度も5度ほど下がるのである。

このシロアリの巣の構造をいちはやく取り入れたのが、ジンバブエのショッピングセンター・イーストゲートセンターである。9階建ての施設の中に、大量の煙突や隙間が張り巡らされている。これによって空調につかう費用は10％ほどに抑えられるようになったという。

## パソコンの中にも生かされている!! ザトウクジラのヒレ

エコ発電として注目を浴びている風力発電だが、ネックとなっているのがブレードから発する騒音である。この騒音問題を解決するために取り入れられたのが、なんとザトウクジラのヒレの構造である。

大海を優雅に泳ぐザトウクジラだが、その胸びれは特有の構造をもっている。全長の約3分の1にもなる大きな胸びれの前の部分には、コブ状の凸凹がついている。高速で移動する航空機などは、翼の前の部分はなめらかな方が空気の抵抗が少なくなるのだが、比較的ゆっくりと泳ぐザトウクジラの場合、この形状が安定の鍵となる。というのも、凸凹の谷を通過した水は、後方で渦を発生させて、水の流れをスムーズにしつつ、さらに揚力も発生させる作用があるのだ。その作用によって、ザトウクジラは失速して沈むこともなく、エネルギー消費を抑えて効率的に移動しているのである。

アメリカ、ウエストチェスター大学のフランク・E・フィッシュ博士は、このザトウクジラの胸びれの構造を取り入れ、凸凹のコブをつけた風力発電の羽根を開発した。これによって空気抵抗が抑えられ、騒音を大幅に減らせた上に、年間出力量も20％増加したのだ。

さらに、この構造を取り入れたＰＣ内部の冷却ファンも開発されている。あなたのＰＣの中にも、ザトウクジラ型のファンが回っているかもしれない。

# 第12章

# 目に見えない「微生物」と「ナノテク」の知識

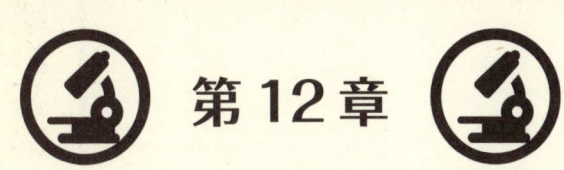

# 未来技術の基幹となるナノテクノロジー

## ナノテクノロジーとは

ナノとは「10億分の1」という意味。もともとラテン語の〝小人〟を語源とする。1ナノメートルは0・000000001メートル。ナノテクノロジーとは、この原子や分子レベルの世界に人為的な加工を施す技術の総称。素材の性質を変換して鉄鋼よりも固い材料をつくる。がん細胞を遺伝子のレベルで発見するなど、様々な技術が研究されている。

## カーボンナノチューブ

日本でのナノテクノロジー技術史で欠かせないトピックスこそ、カーボンナノチューブだ。

カーボンナノチューブとは、「カーボン＝炭素」「ナノ＝10億分の1」「チューブ＝円筒」と三つの言葉を合わせたもの。その名のとおり、炭素原子が網目のように結びついて筒状になった物体のことで、ダイヤモンドと同等のつよさをもち、銅よりも細長く高い熱伝導性をもつ。その特性がコンピューターの頭脳となる半導体にもっとも適しているのだ。

その研究は、冷戦下まで遡るが、カーボンナノチューブの存在とその成長モデルが明らかになったのは1976年。当時フランス国立科学研究センター(CNRS)客員研究員の遠藤守信氏が発見した。

さらに1991年、当時NEC研究員であった飯島澄男氏が電子線回折像からナノチューブ構造を正確に解明。実用へと至っている。

## 日本のナノテクノロジー

日本でのナノテクノロジー技術は2001年後期に総合科学技術会議にて「情報通信、医療、バイオ、環境、エネルギーの諸問題を解決する基幹科学技術」としてナノテク戦略が進められるようになった。翌年には文部科学省では予算が前年度比60%増。技術分野での日本の国際競争力の鍵となっている。小さな原子の世界でスケールの大きな技術競争が行われているのだ。

# プラスチックを分解する微生物

## 発見したのはカナダの高校生

プラスチックを分解するのに、これまで、1000年かかるといわれていた。ところが、2008年、これをたったの3カ月で分解する方法がカナダにいる16歳の高校生ダニエル・バードによって発見された。

バードが発見したのはプラスチックを粉状にして、土にイースト菌と水を混ぜたものにこれを混ぜるというもの。30度の状態に維持すると、プラスチックはなんと分解されたのだ。こうした実験を繰り返すことで、緑膿菌属とスフィンゴモナス属が、分解を行っていることがわかった。

## プラスチックを食べる微生物たち

プラスチックの廃棄物の処理は、ゴミ問題の中でも大きなテーマだ。そのため、ほかにもバクテリアによって解決する方法が模索されている。

プラスチックを分解するバクテリアが吐き出すのは、ごく少量の二酸化炭素、水分、熱のみで環境に優しい。また、発酵槽と培地さえあればいいので設備投資も低額だ。

プラスチックを分解する微生物の研究はこれだけに終わらない。プラスチック片を細かくして海底に沈めることで、海のゴミを減らす可能性も模索されている。オーストラリアの大学によれば、プラスチック片の生物分解が行われている痕跡が見つかっているという。プラスチックの微粒子を餌とする微生物並びに新種の無脊椎動物が見つかっている。

## 生分解性プラスチック

微生物が容易に分解できる生分解性プラスチックとよばれる新素材のプラスチックも開発されている。様々な原料があるが、でんぷん等の生物資源（バイオマス）由来と、石油由来のものがある。ただ、埋め立てでも環境に害を与えない特性がある一方、リサイクルには向かず、耐久性が弱いという欠点があるので、さらなる研究が進められている。

## 畜産廃水から生まれる電力

### 微生物が電気を生み出す

微生物が有機物を分解することによって生じる電力を利用する、微生物燃料電池というものがある。

プラスとマイナスの電極に浸された有機物が微生物によって酸化分解され、これによって生じた電子を電極で回収する。いわゆる「発電菌」だ。

この微生物燃料電池の可能性をさらに広げる発電菌実用化、並びに生物資源であるリン回収の可能性が取りざたされている。

廃水処理とエネルギー問題が上手くかち合うことによって、廃水浄化と電力供給の一挙両得を狙う微生物燃料電池は、世界初の新技術だ。

### 世界初の「リン」回収
### 日本の農業利用にも期待

岐阜大学の市橋修特任助教と廣岡佳

弥子准教授の共同開発による微生物燃料電池への実用化に向けた動きを紹介しよう。

教授らが畜産廃水処理に着目したのは、環境問題への関心からだったという。微生物発電現象そのものは100年も前から発見されていたが、わずかと思われていた電力量が、エネルギー利用にかなうだけの量を取り出せることが判明し、研究が活発化した。

さらに生物資源であるリンが回収できることも、実験中に偶然発見された。それまで実験で使用されていた人工廃水でなく、実際の畜産廃水を実験に用いた際に、高濃度のリンや、リンの回収に必要なアンモニウムやマグネシウムが適度に含まれていたために可能となった。

農業用肥料としてのリンを、日本はすべて輸入に頼っている。この技術が実用化すれば、日本国内でリンを調達できる画期的な発見である。

微生物燃料電池は大規模化とコスト削減という課題があり、まだまだ実用化されていない。

廃水処理、エネルギー利用、生物資源回収の、夢の発電施設は研究の段階だが、大規模水処理の省エネ化に関していえば、10～20年後の実用化は見込めるということだ。

# 古代より存在した微生物利用食品

## 発酵食品は人と微生物の歴史そのもの

微生物利用というと、先進的なテクノロジーの枠と思われがち。だが、微生物の力で食材を発酵、加工する発酵食品は古代より普遍的に存在してきた技術だ。

発酵食品は、微生物の種類によっても幾つかに分けられており、人類の知恵ともいえる豊富さだ。

## 乳酸・アミノ酸・アルコール発酵

発酵食品は大まかに言って、乳酸発酵、アミノ酸発酵、アルコール発酵の三つに分けられる。

乳酸発酵とは、糖を糧に乳酸を生成、発酵させるもの。例えば動物のお乳を乳酸菌によって発酵するヨーグルトやチーズなどが乳酸発酵のわかりやすい例だろう。また、味噌・醤油といった日本の代表的な調味料も乳酸発酵によるものだ。ほかにも乳酸発酵はお漬物、甘酒、なれずしなどがある。

次にアミノ酸発酵。大豆、米を「コウジカビ」つまり麹《こうじ》によって分解、糖をつくり出す。これは味噌、醤油、キムチなどだ。「味の素」もこれに入る。

最後にアルコール発酵。穀類や果汁による酵母菌によって発酵させるもの。酒類全般がこの賜物である。米からつくる日本酒や麦からつくるビール。また、イースト菌の発酵によるパンもアルコール発酵によるもの。発酵の際に二酸化炭素がつくり出され、パン生地が膨張する仕組みがそうだ。

## 発酵技術は食品以外へ

発酵技術は食品の枠を飛び出し、エネルギー産業でののびしろもあることがわかっている。

例えばバイオエタノール。アルコール発酵によって、サトウキビやトウモロコシなどの植物由来の糖、でんぷん、セルロースを原料にしたエタノール（エチルアルコール）。これをガソリンに混ぜて自動車用に利用する試みが続けられている。日本でもバイオエタノール3％混入のE3燃料の導入が検討されているのだ。

# 大村さんノーベル賞　微生物からなぜ薬が？

## アフリカを救う微生物

２０１５年、ウィリアム・キャンベルとともにノーベル生理学・医学賞を受賞した大村智・北里大学特別栄誉教授。「線虫の寄生によって引き起こされる感染症に対する新たな治療法に関する発見」での功績が受賞理由だった。

大村教授は微生物の研究によって寄生虫によって引き起こされる病気治療の薬を発見した。

アフリカで問題になっているオンコセルカ症微生物には、かびの仲間、放《ほう》線菌《せんきん》、バクテリア（細菌）があった。大村教授は静岡県のゴルフコースの土に棲む放線菌をもとにして、治療薬「イベルメクチン」をつくり出すことに成功したのだ。

大村教授はＷＨＯ（世界保健機関）を通じ、アフリカにこの治療薬を無料で配布、10億人以上が救われたという。

## 微生物が病気を治すワケ

微生物は動物の死骸やフンを分解して鉄分やリンに変える。

そんな微生物は、同種類間の生存競争が激しく、他の微生物を殺す能力を身につけた。この力を借りたのが「抗生物質」である。抗生物質を発見したのは1928年の英国のアレクサンダー・フレミング、1943年の米国の学者セルマン・ワクスマンだ。前者がペニシリンを、後者がストレプトマイシンを発見した。それぞれはノーベル生理学・医学賞を受賞した。

## 微生物は「無限の資源」

微生物由来の薬は、血中コレステロールを減らすものやがんの治療につながるものも開発されている。およそ17万種類いるといわれている微生物は「無限の資源」であると大村教授は語る。大村教授はもともと科学志望であったが、微生物への興味が進み、北里研究所に入所した経緯があるという。

ノーベル賞選定には、医薬品分野に対して風当たりが厳しい。大村教授の功績はそういった慣例を打ち破るものだった。

# テレポーテーションの鍵を握る微生物

## 夢のSF技術が微生物で可能に!?

物質を構成する原子や分子のいわゆる量子論的な「もつれ」を利用、遠隔地へと物理的に転送する、いわゆる「量子テレポーテーション」。

ＳＦにはおなじみの未来技術だが、量子力学による物質転送への試みは実際に存在する。その鍵を握るのが微生物なのだ。

## シュレディンガーの猫と微生物転送

量子力学において有名な思考実験に「シュレディンガーの猫」というものがある。青酸ガスが注入される箱に猫を入れた時、猫は生死の確率50％の状況に置かれる。箱を開けるまでは猫の生死は不明だ。量子論では猫の生死は「観察」によって決定されるわけで、それ以前の猫は生きている／死んでいる可能性が同時に存在するという見立てが成り立つ。こうした「シュレディンガーの猫」は、量子的重ね合わせの状態である。量子テレポーテーションは、有機体をこの量子的重ね合わせの状態にするところから出発する。まずは有機体（微生物）を冷凍にする。生体活動を停止させることで、〈物質〉の状態にする。次に冷凍の微生物を微細な振動状態に置く。まったく同じ振動状態の微生物を二つ用意し、その間を超電導回路で結ぶ。二つの微生物は量子的重ね合わせの状態になり、まったく同じものになるという。つまり、同じ微生物が二つ存在する状態になるのだ。

## テレポーテーションはまだまだ先の話

物質転送のメカニズムがこうして提案されたわけだが、ここで転送されるのは生物を構成する細胞などではなく「情報」であるから、例えば人間であれば、同じ人体を二つ用意して、その間を記憶（情報）移動によって転送と同じことにする、という発想だ。

量子テレポーテーションの実用化に関しては、まだまだ遠い先の話。とはいえ将来、人類が世界中のどこであろうと、瞬間移動する日がやってくるかもしれない。

# ナノ技術を応用し育毛剤開発へ

## 育毛剤市場は　ナノ技術花盛り

　ナノ技術は半導体や遺伝子治療まで、極小の世界が切り拓《ひら》く分野はどこまでも広がっている。

　そんなナノ技術であるが、ちょっと変わったところでは、育毛剤市場でも花盛りなのだ。といっても、無数のナノマシンが頭皮に入り込んで薬を注射していくものすごい（そしてちょっとこわい）イメージを想像してしまいそうだが、当たらずとも遠からず。

　どんなに汚れでふさがった皮膚や毛穴の中をも透過する極小ナノカプセルが、「本当に効く」として市場に光が差したのである。

## 国家事業と育毛剤の関係

　どんなに薬効成分が優れていても、頭皮の奥まで届かなければ意味がない。毛穴まで浸透させるには、薬剤を振りかけるだけではどうしても効果に限界が出てきてしまう。そこでナノテクノロジーの出番だ。

経済産業省と岐阜薬科大学の共同の研究開発による医薬用ナノ技術。国家プロジェクトでもあるホソカワミクロンの技術を育毛剤に応用したのが「ナノインパクト プラス」だ。

毛穴の150万分の1といわれているナノカプセルに仕込んだ薬効成分は、汚れをも透過して皮膚内部の水分に浸透する。

ナノカプセルの分解をコントロールする〝pH応答性分解機構〟、また、分解を満遍なく散布し、沈殿を防止する〝シュードプラスチック機構〟の二つの新技術がある。

必要な箇所にピンポイントで注入される仕組みは、ホソカワミクロンの新技術の賜物。このホソカワミクロンは化粧品分野でも応用されている。

安定的かつ透過性に優れたナノエッグも見逃せない。聖マリアンナ医科大学で生まれたナノエッグは、レチノイン酸をナノカプセル化したもの。

このナノエッグはシミやしわ、ニキビなどの皮膚や、変形性関節症、糖尿病等の治療薬（経口剤、注射剤いずれも）としての可能性も秘めている。

# 信州大でナノファイバーの衣服が開発される

## ナノファイバーとは

もっとも細くて1ナノメートル、太さ1：長さ100の繊維質のナノファイバー。

髪の毛の2000分の1の細さを誇り、撥水《はっすい》効果もあれば吸水性も確保でき、もちろん透過性も優れている。

こうしたナノファイバーの（文字どおり）繊維質を用いて、衣料分野に応用される実例がある。それは信州大学の研究室で生まれた。

## ナノファイバーの量産化

信州大学は2008年、世界初のナノファイバー大量生産に成功した。

ナノファイバーの原料であるポリマー溶液を注射器に入れ、高電圧を加えて静電爆発を起こさせる。静電気力がポリマー溶液の臨界表面張力を超えると、注射器のノズルから噴出される。静電気の力で噴出したポリマー溶液間の反発が起こり、分裂してナノファイバーが生まれるのだ。

これまで、均質なナノファイバー生成は難しいとされてきた。それまでネックだったのはポリマーの粘度によるノズルの詰まり。これを解消するため、信州大学の研究室はポリマー濃度、電圧、ノズルの大きさを調整することに成功した。

## ナノファイバー衣料が広げる可能性

信州大学の研究室はナノファイバーの量産化により、不織布のナノファイバー試作をも成功させる。こうして、撥水性と通気性に特化したアウトドアジャケットをつくり出す。防水と蒸れ防止を両立させたナノファイバー衣料は、保温性に優れながら軽量、洗濯でも傷まないためテントや警察用のレインコートへの応用も検討されている。

２０１４年にはナノファイバー製の防塵マスクの市販がはじまった。花粉症や世間を騒がすＰＭ２・５を防ぐだけでなく、これからも新しい需要が見込まれている。ナノファイバー大量生産技術それ自体も、さらなる需要が生まれてくるだろう。

# 理系の応用Q&A

## Q 恐竜を甦らせることはできる?

『ジュラシック・パーク』では、琥《こ》珀《はく》という宝石に閉じ込められた蚊から、恐竜の血を採取してDNAを抽出し、恐竜を甦《よみがえ》らせた。この方法は本当に可能だろうか?

仮に恐竜のDNAを完全な形で採取できたとしよう。しかしそれだけでは恐竜を甦らせることはできない。DNAは生命の設計図だが、部品となる細胞がなければ生命をつくれないからである。

残念ながら、恐竜の細胞を完全に手に入れることは、数億年琥珀に閉じ込められた蚊からは、非常に難しいのである。

## A 細胞がないとできない

# Q 青いバラはなぜできなかった？

バラは多彩な色の品種が開発されてきた、人気の高い花だ。しかし長い歴史の中で、どうしても生み出せなかったのが「青いバラ」であった。

なぜならバラには、青色を出すために必要なデルフィニジンという色素が存在していなかったからである。

この不可能が可能になったのは、1996年にサントリーとカルジーンパシフィック社の共同開発によって、パンジーの遺伝子を導入したバラがデルフィニジンを発現することを発見したため。現在では高価なものの、一般向けでも販売されている。

# A デルフィニジンがなかったから

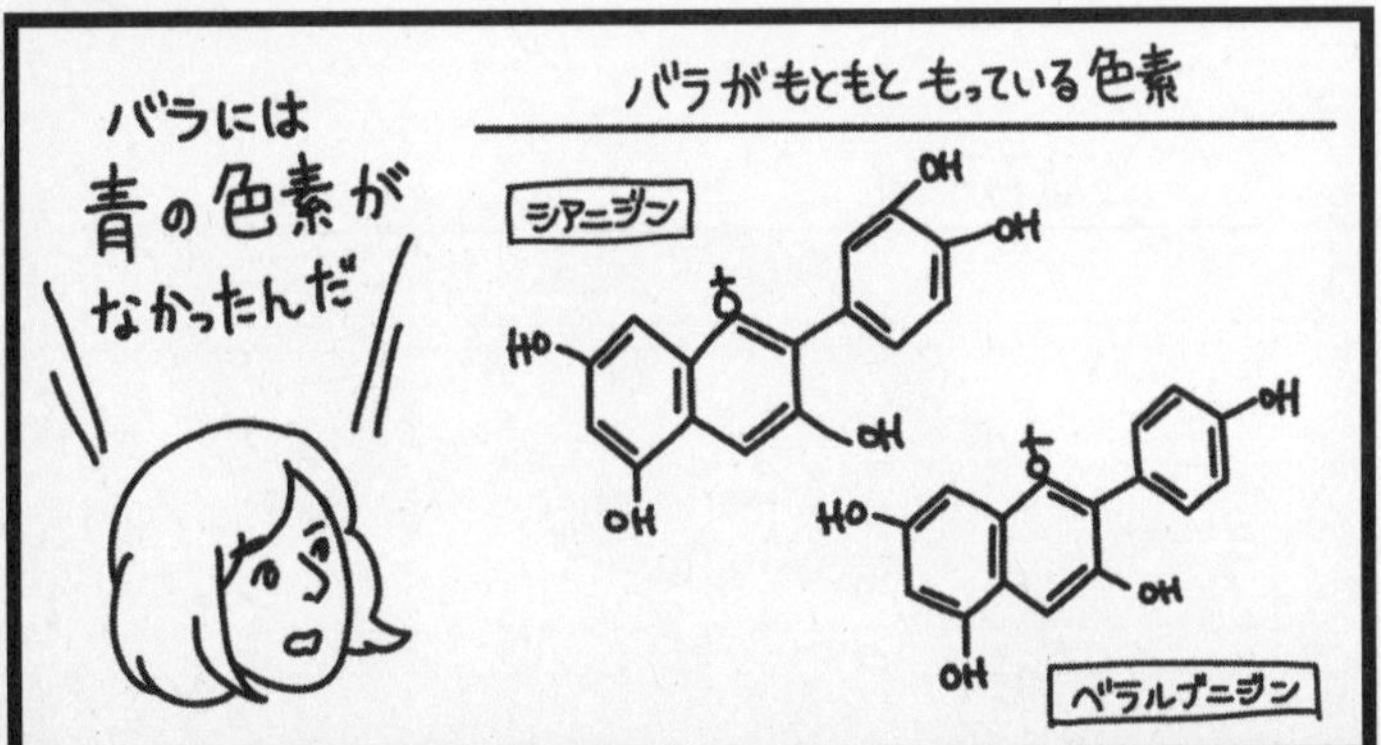

## Q　クジラが1時間も潜水できるのは?

クジラは哺乳類で肺呼吸をする。一定時間潜水をすると、息継ぎをするために海面に上がって息継ぎをしなければならない。だが、マッコウクジラはなんと1時間もの間潜水できることがわかっている。

その能力は、筋肉にあるミオグロビンというタンパク質が、大量に酸素を蓄えることができるからである。クジラやイルカなどの海洋哺乳類は、このミオグロビンによって酸素を蓄えて長時間潜水するのだ。

また、肺に空気を貯《た》め込まないことで、深海における水圧の影響を受けない効果もある。

## A　大量のミオグロビンのおかげ

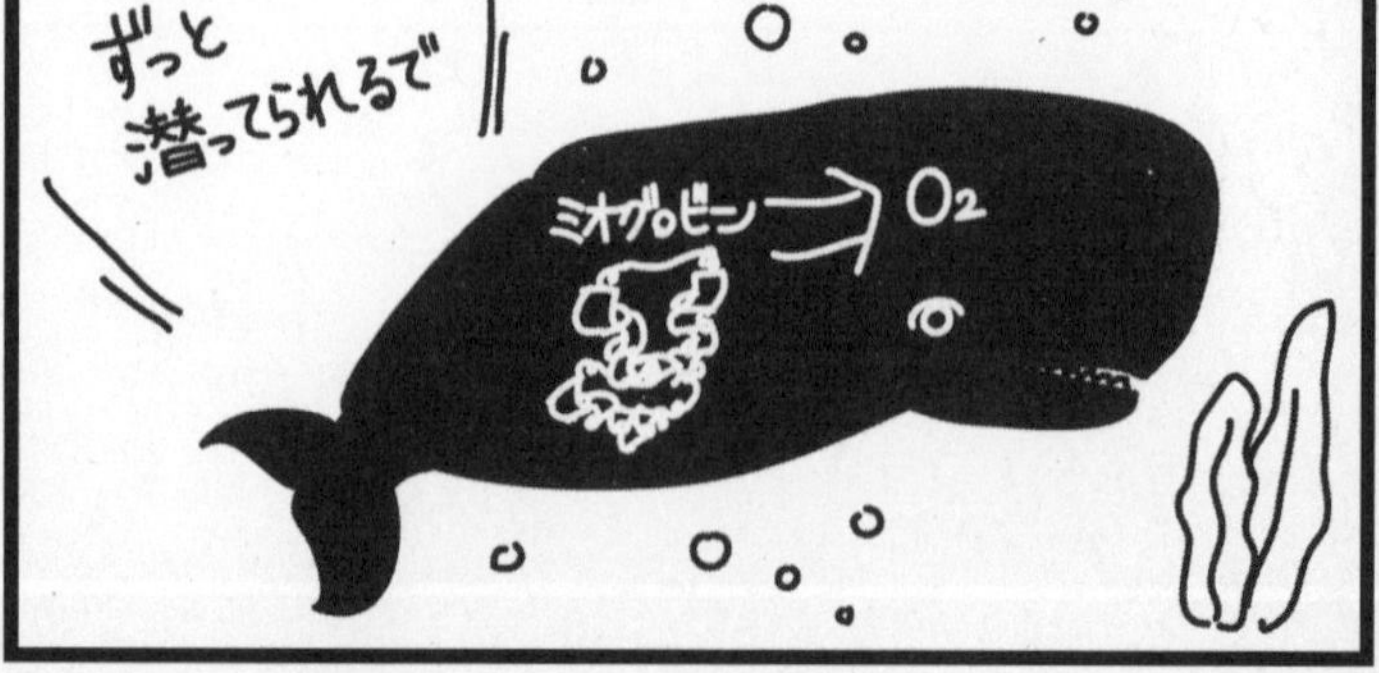

# 第13章

# 想像を超えるスピードで
# 進化する「先端医療」

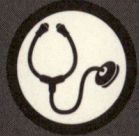

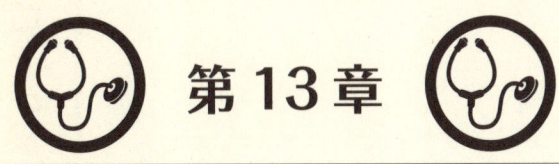

# 無限にクローンES細胞をつくれるiPS細胞

iPS細胞、正式名称は「人工多能性幹細胞(induced pluripotent stem cells)」という。つまり、人工的につくり出した細胞、ということである。山中伸弥教授が率いる京都大学iPS細胞研究所によって、2006年にマウス、2007年に人間の皮膚細胞からこの細胞をつくり出すことに世界で初めて成功したのだ。この研究によって、2012年、山中教授はノーベル生理学・医学賞を受賞した。

この細胞のスゴい点は、わずか4種類の遺伝子を人間の大人の皮膚細胞に導入することで、人のあらゆる細胞へ分化することが可能であり、さらにはほぼ無限の増殖性があるという点である。つまり、iPS細胞がひとつあればどんな細胞もつくれるし、複製をどんどんつくれるということである。

ちなみに、このiPS細胞、頭文字が大文字ではなく、小文字のiであるのは、世界的に流行したアップル社のｉＰｏｄのように広く普及してほしいという山中教授の思いからであるという。

## iPS細胞で実現できる近未来の再生医療

万能細胞ともよばれているｉＰＳ細胞のつかい道だが、病因の解明のほか、新薬開発、再生医療の分野で活用できると期待されている。

もっとも興味深いのは再生医療だろう。再生医療とは、つまり人間の身体が自分自身で病気や怪我を治す、自然治癒力を生かした治療法である。

２０１４年9月にはｉＰＳ細胞からつくった網膜の細胞、網膜色素上皮シートを加齢黄斑変性の70代の女性患者に移植した。この人工細胞が、見事に患者の肉体と融合して、失明を食い止めた。ｉＰＳ細胞によって、病気や怪我などにより失われた機能を回復させることができるのだ。

２０１５年には山中教授率いる京都大学ｉＰＳ細胞研究所（ＣｉＲＡ：サイラ）

と、武田薬品工業が、共同研究の契約を結んでいる。さらには、富士フイルムがｉＰＳ細胞を開発・製造するセルラー・ダイナミクス・インターナショナル（米国）を買収。アステラス製薬はＣｉＲＡと腎臓の再生医療の共同研究を行っている。他にも、大日本住友製薬や中外製薬など日本国内の企業も、続々と再生医療に乗り出しているのだ。

## アップルも注目する最先端のゲノム医療

ゲノム。……聞いたことはあるが、意味はよくわからない。そんなかたが多いのではないだろうか。簡単にいうと、ゲノムとは、人間の体をつくる設計図であるところのＤＮＡに書き込まれた「遺伝情報」のことである。

このゲノムに関わる医療が現在注目を浴びている。ゲノムを解析する技術が進歩したことにより、その患者個人の体質や病気など遺伝子レベルの違いに合わせた医療が提供できるようになりつつあるのだ。同じ病気にかかっている人に対し、同じ薬を出した時、Aさんには効いたけれど、Bさんにはまったく効かないということも臨床現場ではよく起こることだが、これは体質の違いではなく、遺伝情報の違いによるものだということである。個々の遺伝情報の違いに合わせた薬を服用すれば、副作用が少ないのに効果はバツグンということである。

これは個別化医療とよばれており、乳がんの治療などを皮切りに医療全体に広まりつつあるのだ。がんのように単一の遺伝子が原因となる疾患のほか、複数の遺伝子が原因となる糖尿病や高血圧などの生活習慣病の発症予防にも応用できることがわかってきた。

ゲノム医療に力を入れているメイヨークリニックは、アメリカで優れた病院ランキングのトップ3に必ず入る医療機関である。医療保険改革を掲げたオバマ大統領がその名を挙げて「アメリカの医療が目指すべきお手本」と褒め称えたばかりか、アップル社と共同でヘルスケアアプリを開発したことでも有名で、このメイヨークリニックが現在、個別化医療にもっとも力を入れているという。

近い将来、日本でも患者さん一人ひとりに合った薬を用いた医療を受けられる日が来るかもしれない。

# 一生病気知らずになる遺伝子検査!!

遺伝子検査というものを聞いたことがあるかたもいるのでは？　遺伝子検査とは、ある個人の細胞を採取してDNAの情報を読み取り、かかりやすい病気の傾向などを調べる検査である。血液など細胞が含まれたものを使用して、遺伝子を構成するDNAのアルファベット塩基の順序を調べるのだ。

アンジェリーナ・ジョリーが行い、87％の確率で遺伝性乳がんが予見され、健康な乳房を切除したことで、一躍有名になった検査である。彼女は、検査の結果をもとに乳房の予防的切除をしたのだ。

人間の細胞には約2万個の遺伝子があるが、そのすべてを調べる検査も存在する。しかしすべて調べるには数十万円から数百万円のコストがかかり、まだ一般化の道は遠いようである。ちなみに、ネット購入できる個人向けの遺伝子検査は、キットに唾液などを入れて郵送するだけで判定可能。数万円程度で、がんや生活習慣病などの病気の発症リスクや血圧や肥満などの体質チェックができる。お手軽に遺伝子検査を体験してみたいなら、このようなキットをつかってみるのもよいかもしれない。

ちなみに、DNA検査ともよばれるところから、最近では大沢樹生が喜多嶋舞との子に行ったDNA鑑定と混同されがちだか、似て非なるものである。

## なかにし礼も受けた陽子線治療とは？

3人に1人ががんで亡くなる時代。がん治療は日進月歩で開発が進んでいる。その中でも現在注目を浴びているのが、作詞家・なかにし礼が受けた陽子線治療である。

陽子とは、水素というもっとも軽い元素の原子核である。この陽子を特別な装置で真空中で加速すると、陽子のスピードは光速の7割近くの速さになり、強い力をもつ陽子線へと変化する。この陽子線には体への透過力が大きく、照射することでがん細胞を破壊することができるのだ。

この治療が向いているのは、頭頸部・肺・肝臓・前立腺・膀胱《ぼうこう》・食道・膵臓《すいぞう》などの原発性がん、直腸がん術後の骨盤内再発や単発性の転移性腫瘍（肝転移、肺転移、リンパ節転移）などといわれている。

放射線治療の中でも治療効果も高く、副作用も少ないのだが、ネックは治療にかかる金額である。照射回数にかかわらず、腫瘍1個につき、なんと293万8000円。その他、診療費もかかるが、全額自己負担。しかも基本は一括払いであり、患者の負担は大きい。現段階では、非常にセレブな治療であるといえよう。

## こんなにスゴい!! 世界最新のがん治療法

かつては不治の病として恐れられたがんだが、治せる病気となって久しい。その裏には、絶え間ない医療の進歩がある。

世界に先駆けて2014年に新薬として承認されたのは、初のがん抗体医薬品「ニボルマブ（製品名オプジーボ）」（小野薬品工業）である。1回の投与で72万9849円という高い薬価で驚きとともに評判となった。この薬、2週間で2瓶つかうため、年間では3500万円にも達するのだ……。

ほかにも、世界を見渡すと、驚くべき治療法が多々ある。

まずは、フランス国立科学研究センター（CNRS）の研究チームが開発した、人体への影響を無効化してがん細胞を殺すようにプログラムされた「HIVウイルス」の注入。抗がん剤の効果を300倍まで高めることに成功した。

オックスフォード大学のエレノア博士が開発した「泡」で細胞に直接投薬する方法もある。これは、泡の中に薬を閉じ込め、磁力で動きを操作して、超音波で振動させることによってがん細胞組織に送り届けるという変わった治療だ。

ペンシルバニア大学では、特殊ながん細胞を音波によって切り離す研究が進められている。他の組織を傷つけることないのがメリットだというが、音波とはもはやSFの世界の話のようである。

そのほかにも、3Dプリンターでつくった「ウイルス」でがん細胞を殺すというものもある。細胞をコントロールできるため、他の病気に効くものもつくれるのではないかと期待されている。

原始的なものもある。寄生虫のアニサキスなどを用いたがん診断だ。この線虫は、がん患者の尿の匂いを好むそうで、実験ではがん発見率がなんと95・8%だったというからその高さには驚くばかりだ。

新治療、珍治療、あなたならどんな医療を受けたいだろうか?

## 治療期間はたった1日! 中性子線でがん細胞を破壊

がん治療の開発が進んでいるのは薬の世界だけではない。医療機器の世界も同様に進化している。

中でも注目されているのは、いわゆる放射線の一種である中性子線を利用したホウ素中性子捕捉療法(BNCT)である。この放射線治療自体は古くからあるもので、日本が世界を大きくリードしている治療法のひとつである。

この治療法は、中性子の性質を利用して、がん細胞だけを破壊することができるのが最大のメリットである。広範囲に病巣が点在していたり、浸潤していたりする複雑な形状のがんであっても、周辺にある健康な細胞を傷つけることなく、がん細胞のみを破壊することができるのだ。

原則的に一回の照射で終了するのも画期的である。通常の手術や放射線治療、抗がん剤治療は数日から数カ月単位の入院や外来治療が必要だが、ＢＮＣＴの場合、実質治療期間は1日で済むのだ。

しかし、東日本大震災による福島第一原発の事故の影響で、研究用原子炉も運転停止となり、現在は実施できる施設はない。

そのため、原子炉に頼らず一般病院でも施設可能な、小型の中性子発生装置の開発が現在進められている。

福島県郡山市にある「南東北ＢＮＣＴ研究センター」はＢＮＣＴの治療装置を設置しており、２０１４年7月に施設が完成。２０１６年より既に治験が開始されており、２０１８年の治療開始を目指している。がん治療に革新的な進歩をもたらすのではないかと、期待されている昨今である。

## 人間よりスゴいぞ、手術ロボット

最先端医療の中で現在注目されているのが「手術支援ロボット」だ。

これは、医師が遠隔操作して手術をするロボットなのだが、非常に優秀で、出血が少なく、合併症が起こりにくいなど患者にとってメリットが多い。すでにがん摘出などで利用されているのだが、彼らがスゴいのは、手ぶれ防止機能などのおかげで人間の手よりも細かい動きができたり、短い期間で〝熟練の技〟を実現できたりすることだ。

また、人間の手よりもずっと細いアームを操作することで、極めて小さい傷口から内蔵の手術ができるので、患者の負担を極力小さくすることができるのも、大きなメリットだ。

チェスや将棋などでも機械が人間を超える時代。近未来型のブラックジャックは、人間ではなくロボットということになるかもしれない。

## 多忙ビジネスパーソンにピッタリの遠隔医療とは？

離れた場所にいる医師と患者が、情報通信機器を通して行う診察を「遠隔診療」と呼ぶ。これまでは、原則的に禁止とされてきたため、スカイプなどのテレビ電話やスマホアプリでの無料電話といった便利な道具があるにもかかわらず、活用されてこなかった。

だが、ここで朗報である。2015年8月に厚生労働省が、各都道府県知事宛てに、遠隔診療が認められる場面を具体的に挙げつつ、遠隔診療は医師法に抵触しないという通達を出したのだ。つまり、社会のニーズに応え、遠隔医療を提供してもいいというお達しがあったということ。

このことにより、多忙なあまり医療機関を受診しづらかったビジネスパーソンが治療を受けやすくなるかもしれない。

特に、高血圧症やメタボリックシンドロームなどは、脳疾患や心疾患など重い病気につながる可能性があるため、できるだけ早期に治療することが望ましいのだが、すぐに重篤な症状が出るものではないため、つい治療を後延ばしにしがちだ。そのために、重症化してしまうケースもあった。

そういった多忙な現代人の健康維持に役立つ診療になると見られている。また、遠隔医療の制度を生かし、スマホアプリなども開発されている。既に、スマートフォンを利用して、健康に関する心配ごとを遠隔地にいる医師に気軽に相談できる「ポケットドクター」というサービスが、２０１６年4月からはじまっているのだ。

## 分子レベルから個体レベルまで生体イメージング

生体イメージングとは、生物が生きた状態のまま、体の中の様子を観察できる技術のこと。レントゲンもそのひとつだが、そのほかにも、超音波や磁気共鳴、光音響など様々なものを利用したイメージング技術が存在している。近赤外分光によるトポグラフィーなどの新しい技術の利用もはじまっており、医療の中でも成長分野のひとつである。

この生体イメージングだが、生体を傷つけずに、脳や胃といった臓器だけでなく、遺伝子やタンパク質などの様々な分子の挙動までも観察できるのだ。

そのため、この技術は医師が診断するために非常に重宝されており、この装置の国内市場だけでも、2012年には2408億円に達し、2018年には2751億円規模に成長すると予測されている。

## 健康診断で採った血液の行方は!?

健康診断で採った血液や尿がどのような機械で検査されるのかご存知だろうか。生化学自動分析装置という機械によって各種成分の測定が行われる。血液が固まった時に上澄みとしてできる淡黄色の液体成分（血清）や尿を試薬と反応させることで、糖やコレステロール、タンパク、酵素などを測ることができるのだ。

最先端のものでは1時間に400もの検査が可能で、しかも小型化が進んでいる。そのため、東日本大震災や熊本地震のような災害現場でも用いることができるのだ。体の不調を抱える大勢の現代人の健康を、縁の下で支えている機械であるといえるだろう。

## 近い将来サイボーグが生まれる？

体の器官や組織の機能を代行する人工臓器。実は、ものづくり大国日本は、この分野において世界をリードしているのだ。

人工臓器は、主には、体内に埋め込んで半永久的につかう埋め込み型、体外に装置をそなえて機能を一時的に代行する外付け型の2種類がある。埋め込み型としては、心臓の拍動を調節するペースメーカー、眼球の人工水晶体などがある。外付け型だと、心臓手術の際に血液を体外で循環させる装置や、腎不全などの治療でつかわれている血液透析の装置などがそれにあたる。これらは既に日常的につかわれており、知っている人も多いだろう。

現在は、さらなる開発が進められており、噛んだ食べ物を胃に送る嚥下《えんげ》機能付きの人工食道、火傷を負った部分などに移植する人工皮膚などの研究も進められている。ほかにも、膵臓、肝臓、腎臓、心臓、肺、そして血管にいたるまで、あらゆる人工臓器の研究開発が行われている。

## 心臓発作を予知して医師に知らせる最新技術

刑務所から出所した性犯罪者にGPS装置を埋め込み、位置情報がネット上で公開される近未来を描いた「Scope」という映画が話題となった。実際に半導体技術の進歩によってセンサーの小型化はかなり進んでいる。これを医療用に用いて、人間の体内情報をデジタル化し、リアルタイムで伝えるということが現在大きな期待を寄せられている。

スイス連邦工科大学ローザンヌ校では、数種類のセンサーを搭載した14ミリほどの細長いデバイスを体内に埋め込み、無線で体の細やかな差異情報を感知して、それを医師のスマートフォンなどに通知して、心臓発作を数時間前に予知する仕組みを開発している。ほかにも、神経活動の分布をリアルタイムで観察し、脳機能を解明できる装置の研究を行っている機関もある。

しかし、小型アンテナをつかうと高い周波数が必要となるため体に負担をかけてしまうなどのジレンマがあり、実用化にはまだ多くの課題が残されている。

## 世界一の敏腕ドクターが行う最先端の血管復活法

日本人の死因、第2位は心臓病。中でも近年増えているのが、動脈硬化を原因とする狭心症や心筋梗塞のような虚血性心疾患だ。この治療法として、現在主流となっているのが狭くなった血管にカテーテルとよばれる細い管を通す方法である。この時、バルーンやステントといった器具では血管を十分に広げることができない重い動脈硬化の場合、ロータブレーターという最先端の血管復活法が用いられる。このロータブレーターは、動脈硬化で狭くなった冠動脈を、ダイヤモンドチップが埋め込まれた1～2ミリの細さのドリルを毎分16～20万回回転させて削り取り、血管を広げるというもの。なんとも高度な技術を要される手術なのだ。

この先駆者が千葉西総合病院心臓センター長で東京医科歯科大学臨床教授の三角和雄医師だ。三角氏は、狭心症と心筋梗塞のカテーテル治療の件数では日本で1、2位を争う人気医師。ロータブレーターをつかったカテーテル治療を年間600件も行って、3年連続世界一の座に輝き、アメリカの医師格付け機関の「ベストドクターインジャパン」に選ばれている世界的に有名な敏腕医師なのだ。

## 便が骨髄移植に有効!?

この章の最後に、一風変わった最新医療をご紹介しよう。

手術には単純な成功／失敗だけでなく、術後に別の病気が発生してしまう合併症のリスクがある。術後に体力がない状態でかかる合併症は命の危険が高く、リスクを回避できればそれに越したことはない。その合併症のひとつ、移植片対宿主病に、あるものが非常に効果が高いと、2016年3月に東京都立駒込病院などのチームによって発表された。そのあるものとは、便である。

移植片対宿主病は、白血病などの治療に効果がある骨髄移植によって腸にかかる合併症である。移植した細胞が患者の体を異物とみなして攻撃してしまい、体調に異変をもたらしてしまう。症状は激しい下痢などで、幸いなことに命の危険は低いものの、患者の術後の苦しみが増大するので、治療法が模索されていた。

研究チームは、移植片対宿主病が発症した人と、発症しなかった人とで腸内細菌の割合が異なっていたことをつきとめ、ここに原因があるとふんだ。そこで、潰瘍性大腸炎などに効果がある「糞便《ふんべん》移植療法」を行った。

これは、健康な人の糞便を生理食塩水などを混ぜてろ過し、患者の腸に注入するという治療法である。治療の効果は絶大で、治療した4人のうち、3人が根治して、もうひとりも下痢が5分の1にまで減った。

腸の健康は、細菌のバランスによって保たれていることが、改めて実証された形となった治療法といえるだろう。

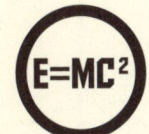

# 第14章

# 世界を解明する「物理」の知識

E=MC²

# 元素と原子は同じもの?

物質を構成する基本的な要素である〝元素〟。元素には元素記号があり、例えば、酸素は「O」で、水素は「H」である。学生時代に「スイヘーリーベ僕の船」というフレーズで元素周期表を記憶した人も多いことだろう。

一方、同じく物質を構成する基本的な要素として〝原子〟もある。原子には、それ以上は分解できないという特色がある。例えば、水素の原子「H」2個と酸素の原子「O」1個が結びつくと、水の分子「$H_2O$」ができ上がる。この時、水の分子は、水素の原子と酸素の原子に分解できるが、水素の原子と酸素の原子はこれ以上分解できない。

元素にも原子にも「物質を構成する最小の要素」といったイメージがあるし、先ほどの説明では「H」と「O」という同じ記号が出てきた。「H」や「O」などの元素記号は原子記号とよばれることもある。両者は同じもののように思えてくるが、どういう違いがあるのだろうか？

結論からいえば、元素は「原子の種類」を指すもので、その原子がどういう性質なのかを表しているのだ。原子の方は、その性質をもつ実体を指している。

つまり、原子は極めて小さいけれども物体のもとであり1個2個と数えることができるものだが、元素はあくまでその原子の種類を示しているだけなのだ。

## E=MC² 「スイヘーリーベ」の元素の種類はどこまで増える？

原子の性質・種類を示している元素。つまり元素の種類＝原子の種類となるのだが、元素は何種類存在するのだろうか？

「スイヘーリーベー僕の船」の語呂合わせでおなじみの元素周期表。現時点では118個の元素で構成されるのが一般的である。「現時点」と書いたのは、これが増える可能性があるからだ。

というのも、自然界に存在する元素は92。残りの26の元素は人工的につくられ

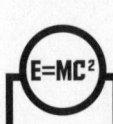

たものなどである。今後も人工的に新しい元素がつくられたり、もしくは新たな元素が発見されれば周期表に入る元素の数も増えていくことだろう。

実際、2010年にはヘルシンキ大学の化学者ペッカ・ピューッコ(当時の国際量子分子科学アカデミー会長)が172個の元素で構成された周期表を発表している。もっともこの172の周期表には未発見の元素が含まれていてピューッコ自身、「この周期表が埋まる日はすぐには来ない」といっている。

元素が172もあると周期表の語呂合わせを考えるのも大変そうだが、学生が苦労するのは幸いなことにまだ先になりそうだ。

E=MC²

## 物の最小単位である原子はなにからできている?

物を構成する小さな小さなつぶである原子。では、その原子はなにからできているのだろうか? そもそも原子は直径が約100億分の1メートル。1億倍に拡大して、ようやく直径が1センチメートルになるのである。こんな小さな原子より小さなものはあるのだろうか？

20世紀のはじめに、中心に原子核があり、その周囲を電子が周回しているという原子の構造が判明した。そして原子核は陽子と中性子でできている。原子核は当然ながら原子より小さく、直径は約100兆分の1メートル。陽子や中性子はもっと小さくて直径が約1000兆分の1メートルだ。

原子は前述のとおり原子核と電子でできているが、原子の種類によって電子と陽子の数が違う。電子と陽子の数によって原子の種類が決まるのだ。ちなみに原子核はどんな原子でもひとつで、電子と陽子は同じ数である。

原子の種類が違っても、原子核、電子、陽子、中性子の性質は同じだ。つまり電子、陽子、中性子の数が違うことで原子の種類・性質は違ってくるのだ。世の中には膨大な数の物質があるが、その違いはただ小さな電子、陽子、中性子の数が違うだけなのだ。

この原子（アトム）という言葉は、既に古代ギリシアに誕生したが、その時は当然ながら観測できたわけではなく、「これ以上は分割できない最小の物質」という定義がなされた概念上のものだった。

だが、科学が発展し、観測技術も向上した20世紀には、この原子もより小さな物質からでき、そしてさらに小さな物質までも発見されるようになった。

E=MC²

## もっと小さなクォークのミクロな世界

もっとも小さいつぶだと思われていた原子も、実はそれより小さな電子、陽子、中性子でできていることがわかった。しかも、話はここで終わりではない。さらにミクロな世界が広がっているのだ。

先ほどの電子、陽子、中性子を〝素粒子〟と呼ぶようになったが、その素粒子の陽子と中性子がさらに小さなつぶでできていることが判明したのだ。

陽子と中性子をつくる小さなつぶを〝クォーク〟と呼ぶ。クォークはアメリカの物理学者マレー・ゲルマンによって命名された。

１９６４年にクォークの存在が予言され、１９６９年にアメリカでの加速器による実験でクォークの実在が証明された。１９７３年に6種類のクォークの存在が予言されて、20世紀のうちに6種類とも発見されている。

最小と思われた原子も最小ではなく、陽子と中性子も最小ではなかったので、クォークより小さなつぶもいずれ発見されるのかもしれない。

ちなみにクォークのように（現時点で）それ以上分割できないつぶを基本粒子とも呼ぶ（基本粒子は素粒子とほぼ同義である）。ノーベル賞の小柴昌俊氏が研究していたニュートリノも基本粒子とされている。

## E=MC² 宇宙は〝暗黒物質〟に満ちている？

SF映画やアニメの中で「ダークマター」という単語を聞いたことはないだろうか？　日本語にすると「暗黒物質」で学問における仮説上の物質である。

おそらく、その語感のカッコよさからSF作品などでつかわれることが多いものと思われるが、実際のダークマターとはどういうものなのか？

宇宙がなにでできているのかを観測してみると、陽子や中性子など我々が知っている通常の物質は全体の約5％だけ。27％は未知の物質、残りの68％は正体不明のものである。この27％の未知の物質をダークマター、68％の正体不明のものをダークエネルギーと呼んでいる。

宇宙の観測には光、X線、赤外線などが用いられてきたが、それらで観測できないため「暗黒」とよばれているのである。

ダークマターの存在は以前より推測されてきた。1970年代後半には、光では観測できないものの、重力を感じる物質が宇宙に存在すると立証されている。また、重い物質や重力で光が曲げられる「重力レンズ効果」もダークマターの証拠だという。つまり、ダークマターの実在を示す証拠は複数あるのだ。

ダークマターは宇宙の成り立ちに深く関わっていると言われ、ダークマターのことがわかれば宇宙創世の秘密の解明につながるとも考えられている。

ダークマターの正体はわからないことだらけだが、その性質を説明するためには、既知のものとは違う未発見の素粒子が必要とされている。その素粒子が「ニュートラリーノ」（※ニュートリノとは別物）。ニュートラリーノは仮説上の存在で、発見が期待されている。

E=MC²

# ブラックホールの衝突で生まれた重力波

先ほどの「ダークマター」と同じようにインパクトのある用語の「重力波」。重力波とは簡単にいえば、〝光速で伝わる時空のさざ波〟だ。

アインシュタインが提唱した一般相対性理論によると、質量をもった物体が存在するだけで、時空にゆがみができる。その物体が運動すれば、その時空のゆがみが光速で伝わってくる。これが重力波だ。

重力波は一般相対性理論によって予言され、１９８０年代にラッセル・ハルスとジョゼフ・テイラーによって間接的に証明され、２０１５年についにアメリカの重力波検出器によって直接検出された。

地球で観測できるほどの重力波は、高密度で非常に大きな質量の物体が加速度運動しないと発生しない。２０１５年に検出された重力波もブラックホールの衝突で生まれたものだ。

そのほかコンパクト連星（中性子星やブラックホール、白色矮星など）の公転、コンパクト連星の衝突合体、中性子星の自転、初期宇宙からの重力波、超新星爆発といった天体現象で重力波が発生するという。

E=MC²

# 世界は素粒子の四つの力に満ちている

物質を構成する最小のつぶである素粒子。その素粒子は、素粒子同士の間で働く四つの力を伝える役割がある。

四つの力のひとつめは「重力」（「引力」とも言う）。ニュートンが木から落ちるリンゴを見て発見した力だ。物体は重力によって引きつけ合っている。地面に物が落ちるのも、地球が太陽のまわりを回っているのも、この重力の影響だ。

二つめは「電磁力」（「電磁気力」とも言う）。磁石の力や静電気だけでなく、我々の身のまわりで働いている力のうち重力以外のものは電磁力だ。身のまわりの力は、ほぼ全部電磁力と言えるだろう。

三つめは「強い相互作用」（「強い力」とも言う）。原子核の中で陽子と中性子をくっつけている力だ。この強い相互作用でクォーク同士が結びつけられて原子核は形を保つ。

四つめは「弱い相互作用」（「弱い力」とも言う）。クォークの性質を変化させる力。物質を構成する素粒子はペアを組んでいるが、そのペアの移り変わりをつかさどっている。

重力と電磁力は日常生活の中でも意識されやすく古くから知られていたが、強い相互作用、弱い相互作用は素粒子の間のミクロな世界でしか働かないため見つかりづらく、20世紀になってようやく発見された。

すべての物質をつくる素粒子と素粒子の間で四つの力が働くということは、この世界の物質の間で働くすべての力は、この4種類に含まれると言える。今のところ、物理学の世界では、四つの力はそれぞれの法則で作用するため、別々の計算式が必要になる。これらはひとつの法則・理論に統一できると予想されており、それが発見された時、この世界の仕組みはさらにもう一段階深く解き明かされるだろう。この統一理論の候補となっているのが、「超弦理論」である。

E=MC²

# この世はすべて〝ひも〟でできている？

「超弦理論」「スーパーストリング理論」ともよばれる、超ひも理論。超ひも理論は物理学の仮説のひとつで、広大な宇宙から微小な素粒子まで、世界の成り立ちを説明する理論の候補なのである。

この理論では、物質の最小の単位が粒子ではなく、小さなひもだと考える。そのひもは1本の線のような状態や、輪ゴムのように閉じた状態になっている。そのひもが振動して波を生じている。

弦楽器は弦の長さなどで音が変わってくるが、超ひも理論のひももいろいろな〝音〟をもち、この音の違いによってひもは様々な素粒子に対応するという。

なお、この超ひも理論の発端となるのは、2008年にノーベル物理学賞をとった南部陽一郎のアイデアである。南部は1970年にひも理論を提案し、超ひも理論の基礎を築いたことでも知られている。

E=MC²

# 科学と技術を進歩させた相対性理論

アルベルト・アインシュタインが提唱して、現代の物理学の基礎的な理論となっている相対性理論。特殊相対性理論は1905年、一般相対性理論は1916年に発表された。

特殊相対性理論は、光の速度は不変なこと、物を加速させても光速は超えないこと、空間の長さと時間の流れは運動で伸び縮みするので相対的なものであることなどを示した。「$E=mc^2$」（エネルギー＝質量×光速の2乗）という有名な法則も、特殊相対性理論から導き出されたものである。

一般相対性理論は、ニュートン力学と特殊相対性理論との矛盾を解くために生み出された。一般相対性理論では、重力は強ければ強いほど時間の流れは遅くなると考えられ、実際に実験で証明されている。また、時空がゆがむ、光が曲がる、重力の波が伝わるというふしぎな現象も、この一般相対性理論で予言されていた。

ちなみに我々の身近な例でいえば、人工衛星を利用したGPSには、特殊相対性理論と一般相対性理論の両方の成果が利用されている。

アインシュタインに続く人々は、相対性理論の正しさを証明しながら科学や技術を進歩させていったのだ。

E=MC²

## 重力が強いと空間はゆがむ?

万有引力を発見した17世紀の科学者アイザック・ニュートン。ニュートン力学では時間や空間は絶対不変のものと考えられている。確かに地球上で我々が目にする物体の動きなどはニュートン力学で説明可能だが、地球上ではあり得ないほど重力が強い宇宙空間などでは、ニュートン力学が通用しなくなる。

そうした場所では、空間がゆがむのである。

ニュートンの死去152年後に生まれたアインシュタインの一般相対性理論では、時間と空間は不変のものではなく、物体の質量に応じてゆがむと考えた。

柔らかいスポンジの上に重い金属を置くと、スポンジは凹《へこ》む。このスポンジのように空間はゆがむのである(スポンジでは表現できないが、時間もゆがむ)。

空間のゆがみは太陽系でも観測できる。太陽に一番近い水星の運動をニュートン力学で計算すると実際の水星の動きとはズレが生じるが、一般相対性理論で計算すると一致する。ニュートン力学が空間のゆがみを想定していないので、ズレが生まれてしまうのだ。

E=MC²

## まっすぐ飛び、ものを破壊するレーザー光線の仕組みは？

医療用やコンサートの演出などでつかわれるレーザー光線。身近な存在となったレーザーだが、そもそもレーザーとは何なのか？

アインシュタインの論文などが基礎となり、レーザーの研究開発は進んだ。1959年にコロンビア大学のゴードン・グールドが論文の中でレーザーという言葉をつかい、それが定着した。

一方向に集中して放射させる人工的な光がレーザーであり、普通の光と違って指向性が高く、広がることなくまっすぐ進む。また、レーザーは単色という特徴もある。

外部からエネルギーを吸収して不安定な状態になった原子が、低いエネルギー状態に戻ろうとして、そのエネルギー差にあたる光を放出。放射された光は他の不安定な原子に衝突して、また光を誘導放射させる。これがレーザーの原理だ。工業分野のレーザー加工機などがあるように、レーザー光線にはものを破壊する力もある。

だが、なぜ光でものが壊せるのだろうか？　レーザー加工機では、発振器から出力されたレーザー光線が集光レンズを通して切断される材料に照射される。照射された部分が加熱されて切断されるのである。

レーザーは軍事分野でも活用されて、米軍などでは対空レーザー兵器も開発されている。また、ＳＦの世界に出てくるようなレーザー銃ではないものの、軍隊や特殊部隊においては、光線発射装置を取り付けた実銃器を使って実戦さながらの訓練が行われているという。

E=MC²

# 飛び出した〝自由な電子〟が電気になる

我々の生活になくてはならない電気。水道やガスと並んで社会における重要なインフラだが、そもそも電気とは何なのか？

原子は中心に原子核があり、そのまわりを電子が回っている。電子はかなり軽いので、何かの刺激によって軌道を離れて外に飛び出してしまう。この飛び出した電子を「自由電子」と呼ぶ。自由電子が動くことこそが電気なのだ。

電気にプラスとマイナスがあることは常識だが、これも電子と陽子が関係している。電子は電気的にマイナスだが、原子核の陽子は電気的にプラスである。プラスの陽子とマイナスの電子が同数であれば、プラスとマイナスは打ち消し合う。

しかし、前述のように電子が飛び出すとバランスが崩れる。マイナスの電子が減って、プラスの電気をもつ性質となるのだ。反対に、自由電子が飛び込んでくると、マイナスの電子の数が多くなり、マイナスの電気の性質をもつようになる。

仮に物体Aと物体Bを銅線でつないだとする。物体Bが電子が過剰でマイナスの電気の性質で、物体Aが電子が不足でプラスの電気の性質だった場合、電子が多いBからAに自由電子が流れていく。この自由電子の流れが電流で、自由電子の量が多いと電流も大きくなる。

なお、電子はマイナスからプラスに流れるが、電流は便宜上プラスからマイナスに流れることになっている。電気の研究がはじまった時点では、まだ電子が発見されておらず、マイナスからプラスに電子が流れるということがわかっていなかったのだ。そのせいでプラスからマイナスに電気が流れると定められてしまったのだが、特に不都合がないため変更されることはなく、現在も電流の方向はプラスからマイナスとなっているのだ。

ちなみに、身近な電気の呼び名として、直流と交流という言葉がある。交流は周期的に電圧が変換するもので、変圧器から各家庭に送電する際には交流の方が効率や安全を考えると便利。一方で、多くの家電製品は直流となっており、交流にしづらい電池や電子回路のことが考慮されている。家電製品はコンセントから交流の電気を受け取り、内部で直流に変換してつかっているのである。

# 第15章

# 世界が賞賛する「日本のものづくり」はどこまでスゴいのか?

# 宇宙開発から缶チューハイまで折り紙を応用

## NASAも注目する〝ミウラ折り〟

紙を折って鶴やカブト、紙飛行機など様々なものをつくって遊ぶ、折り紙。古くからある日本の遊びであり、その起源も日本と考えられている。海外でも〝Origami〟と日本語そのままでよばれることもある。

折り紙といえば、伝統的な遊びであり、最先端の科学技術とは関係ないと思う人も多いことだろう。だが、実は折り紙の技術は宇宙開発にも役立てられているのだ。

〝ミウラ折り〟というものをご存知だろうか？　その名前どおり、東大名誉教授の三浦公亮氏が考案した折りたたみの技術である。

ミウラ折りは、タテの折り目にジグザグの傾斜をつけることで折り目が重ならず、折りたたまれたものがコンパクトになるという特徴がある。また、折りたたんだ一端を引くだけで、ぱっと一気に開くことも可能だ。

三浦教授の専門は宇宙構造物の設計で、ミウラ折りも人工衛星のパネルの展開方法についての研究の中で生み出された。

ミウラ折りは、なんとあのＮＡＳＡにも注目されている。ミウラ折りをつかえば機械装置を簡素化することが可能なのだ。

ＮＡＳＡの機械工学者ブライアン・トリーズ氏は日本へ留学した時に折り紙に親しんだこともあり、太陽電池パネルの開発の中でミウラ折りも取り入れているという。

## 缶チューハイにも折り紙の技術が

折り紙は１枚の平面から様々な立体をつくり出すことが可能であり、その特徴から前出の人工衛星以外でも医療器具、ロボット、建造物などへの応用が期待されている。

意外なところでは、キリンのチューハイ「氷結」の側面がボコボコとした缶も実は折り紙と関係している。この缶は〝ダイヤカット缶〟とよばれるもので、開発者がミウラ折りを参考に、軽くて強い構造をもつ缶としてつくり上げたのだ。

## 全人類の頭脳よりスゴい計算能力のスパコン京

### 1秒あたり1京回の計算

〝スパコン〟ことスーパーコンピューター。日本のスパコン〝京〟も恐るべきスピードを誇る。「2番じゃダメなんですか?」のフレーズで記憶に残る2009年の事業仕分けでいったんは開発が凍結されるが、その後、予算が復活して2012年に完成。

京を理化学研究所と共同開発した富士通によると、地球上のすべての人類70億人が1秒に一回のペースで計算をして、24時間不眠不休で続けても約17日間もかかる計算が、京ならわずか1秒で終わるという。京という名前の由来は、1秒あたり1京回計算できる、この処理能力にあるのだ。

### 医療、防災などの分野でも活躍

我々が普段の仕事や趣味などでつか

うパソコンとスパコンの大きな違いは、人体における脳のような存在のCPU（中央演算処理装置）にある。

CPUには〝スカラー型〟と〝ベクトル型〟があり、パソコンはスカラー型、スパコンはベクトル型を採用している。その計算方式において、スカラー型はエレベーター、ベクトル型はエスカレーターに例えられる。エレベーターは一回荷物を送ると、そのエレベーターが下に戻ってくるまで次の荷物を送れないが、エスカレーターならどんどん荷物を載せて上に送ることができる。

つまり、ベクトル型なら、ひとつの演算処理の間に、次の演算処理をはじめることができるのだ。

ただし、最近ではCPUの性能が上がったことなどにより、スパコンでもスカラー型が主流となりつつある。日本の京も当初はベクトル型とスカラー型のハイブリッドを予定していたが、開発企業の撤退もあり、スカラー型のみで開発された。

京にはこれからの未来を切り開いていく「生命科学、医療」「新物質・エネルギーの創成」『防災、減災のための地球変動予測』『次世代ものづくり』『物質と宇宙の起源と構造の研究」などの分野での貢献が期待されている。

# 知る人ぞ知る日本人の〝乾電池王〟

## 世界に先駆けて乾電池を発明

日常生活で欠かせない存在である乾電池。電池の歴史自体はイタリアのガルヴァーニが1791年にガルバニ電池を発見したことからはじまっているが、実は歴史に日本人が大きな貢献をしている。明治時代に世界に先駆けて日本で乾電池がつくられたのだ。

乾電池の発明者の名前は屋井先蔵《やいさきぞう》。

1864年に現在の新潟県長岡市に生まれた屋井は、時計屋で丁稚《でっち》として働いた後、1885年に電池で正確に動く連続電気時計を発明し、1791年には日本における電気に関する特許第一号を取得する。

しかし、連続電気時計で使用した電池は液体式のダニエル電池というものなどで、手入れも必要で、冬場は凍結してつかえなかった。

そこで開発したものこそ、乾電池な

のだ。染み出した薬品で金具が腐食することに困っていたが、炭素棒にパラフィンを含浸することで、ついに1887年に乾電池が誕生する。

## 万国博覧会と日清戦争で注目

だが、残念なことに、日本での乾電池の特許第一号は屋井のものではない。後に海軍技師官などを務める高橋市三郎が屋井より1カ月早く取得しているのだ。また、海外においても、ドイツのガスナーやデンマークのヘレンセンが発明者として知られていた。

そんな屋井の乾電池だったが、1893年のシカゴ万国博覧会で国際的に注目される。1894年からの日清戦争でも軍用に活用されて新聞の号外で「満州での勝利はひとえに乾電池によるもの」とまで報道された。

1910年に屋井は自分の会社の屋井乾電池の販売部を東京の神田に新築し、浅草には工場をつくった。海外製の乾電池にも競争で勝ち、屋井は〝乾電池王〟とよばれるようになった。

現在、屋井の会社は残っていないが、2014年にはその功績を認めた米国電気電子学会（IEEE）関西支部により銘板が屋井とゆかりのある長岡市、東京理科大学などに贈呈されている。

# 日本が生んだ安全で高精度な胃カメラ

## 胃カメラのルーツは古代ギリシアにあった

食道や胃にポリープ、炎症、がんなどがないかを検査する時に使用する胃カメラ。胃カメラは俗称であり、正式には上部消化管内視鏡と呼ぶ。

この上部消化管内視鏡を世界で初めて実用化したのは、日本の企業、オリンパスなのだ。カメラメーカーとして知られるオリンパスだが、顕微鏡や内視鏡も生産しているのだ。

内視鏡の歴史は紀元前にまで遡ることができる。紀元前4世紀、古代ギリシアでは馬が交通手段だったため、痔《じ》となる人が多かった。この痔を焼いて治療するため、肛門の内側を観察する器具がつかわれた。これが内視鏡のルーツなのだ。1805年にはドイツの医師ボッチニが〝導光器〟をつくる。導光器はランタンのような外見で、金属製の筒を体内に入れてランプの光で観察する、というものだった。

1853年にはフランスの医師デソルモが尿道などを観察する器具を製作。これが内視鏡と名付けられた。

それからも内視鏡はつくられ続け、1932年にはドイツの医師シンドラーがそれまでよりも実用的な胃鏡を開発する。だが、シンドラーの胃鏡も含めて当時の内視鏡は患者の苦痛が大きく、事故の危険性もあった。

## 日本人に多い胃ガンを治したいという思いから

そうした中、オリンパスが世界で初めて胃カメラを実用化させる。

1949年に東京大学付属病院の宇治達郎医師から「日本人に多い胃ガンを治したい」と依頼されて開発をスタート。技術の開発を重ねて1950年に試作機の開発に成功する。

それ以降もオリンパスで胃カメラの改良は続いた。1964年にはファイバースコープ付きの胃カメラが登場してリアルタイムで体内を見られるようになり、体内を観察しながらの治療まで可能となった。

画像のハイビジョン化など、技術は今も進歩している。胃カメラが救う人々の数も増えていくことだろう。

# 開発者も驚くほど海外で普及したアンテナ

## 日本人が発明したテレビ用アンテナ

建ち並んだ家屋の屋上に、必ずといっていいほど設置されたテレビを受信するためのアンテナ。多くの人にとって見慣れた光景だと思うが、このテレビ用アンテナの名前を知っているという人は少ないことだろう。

テレビ受信用のアンテナは一般に八木アンテナとよばれている。八木アンテナは海外にも普及していて、海外でも〝Yagi antenna〟とよばれている。

「八木」とは開発者の八木秀次のことである。当時、東北帝国大学工学部電気工学科に所属していた八木は、実験中に金属棒を近くに置くと受信電波が増大する現象を知り、そこからアンテナの原理を発見した。

八木は講師だった宇田新太郎にアンテナの実用化のための研究をさせ、

1926年には短波長アンテナに関する論文を八木と宇田の両名で発表し、特許も取得した。

論文も連名なのに、なぜ「八木アンテナ」と八木の名前のみ付くのかといえば、宇田も知らない間に八木が単独で特許の出願をし、そこでは発明者から宇田の名前を除外していたからだというから、強欲な話である。

## 名誉を取り戻した共同開発者

八木アンテナは国内だけでなく海外でも広くつかわれた。第二次大戦中にイギリス軍のレーダーの技術書の中に〝Ｙａｇｉ〟という単語がたくさん出てくるため、日本軍の軍人が意味をイギリス人の捕虜に聞いたところ、「アンテナを発明した日本人の名前なのに、知らないのか」と言われたという逸話や、終戦後にアメリカを訪問した宇田がたくさんの八木アンテナを見て驚いたという逸話がある。

なお、名前が表に出なかった宇田だが、後に詳細設計を担当したことなどアンテナ開発における彼の大きな功績が認められ、八木アンテナは「八木・宇田アンテナ」（海外においても〝Ｙａｇｉ-Ｕｄａ ａｎｔｅｎｎａ〟）ともよばれるようになった。

# 海外セレブもハマるウォシュレット

## ディカプリオは自宅にも導入

ライブや映画の宣伝、もしくは、お忍びなどで来日する海外のセレブたち。彼らがハマる日本の場所とはどこだろうか？

京都や浅草などのいかにも日本的なスポットだろうか？　秋葉原のようなオタクスポット？　寿司《すし》屋のように日本食が食べられる場所？

実はトイレこそが、海外セレブの知られざるお気に入りスポットなのだ。使用後に温水でお尻を洗浄してくれるウォシュレットは、日本ならではのトイレ設備で、海外ではなかなか体験できないものなのだ。

マドンナ、レオナルド・ディカプリオ、ウィル・スミスはウォシュレットのファンであり、ディカプリオとスミスにいたってはアメリカの自宅にもウォシュレットを導入したという。

## お尻だって洗ってほしいのCMで一気に認知度アップ

ウォシュレットは1980年にTOTOから販売された。もともとTOTOは1960年代にアメリカの温水洗浄便座〝ウォッシュエアシート〟を輸入して販売していた。ウォッシュエアシートの国産化も行ったが、価格も高くて温度も安定しなかったため、定着しなかった。TOTOは温水洗浄便座の研究を進めてこうした問題点を改良し、1980年に初代ウォシュレットを発売する。

まだ日本国内でもウォシュレットが認知されていなかったため、1982年には大々的にテレビCMを打つ。CMの「お尻だって、洗ってほしい。」というキャッチコピーと、紙で拭いても絵の具で汚れた手がきれいにならないという映像にはインパクトがあり、ウォシュレットは広く知られるようになった。現在のウォシュレットは、ふたの自動開閉、消臭、マッサージ洗浄など、様々な機能をもつようになっている。2005年には音楽再生機能をもった機種まで販売した。

ウォシュレットは海外でも販売されるようにまでなった。間違いなく日本が誇る文化のひとつだ。

# ソニーの熱意が決めたCDの規格

## フィリップス社との強力なタッグ

レコードに代わる音楽メディアとして登場したCDは、日本のメーカーのソニーと、オランダのメーカー、フィリップスが共同開発したものである。

1978年にソニーの当時の副社長の大賀典雄はフィリップス本社に招かれ、オーディオ専門のデジタルディスクを共同開発しようと打診される。

光学方式のビデオディスクを牽引していたフィリップスと、デジタルオーディオ信号処理技術を開発していたソニーは強力なタッグだった。

CDをよいものにするため、両社は意見をぶつけ合った。

アナログ信号をデジタル化する際には〝量子化ビット数〟という数値が問題になる。ビット数が大きいほど音のダイナミックレンジが広くなるのだが、フィリップスは14ビット、ソニーは16

ビットを主張。当然16ビットの方が良い音だが、技術的にも価格的にもハードルが高かったのだ。だが、ソニーは21世紀にも通用するメディアにするために16ビットを強く主張。結果、16ビットが採用された。

## 第九が入る収録時間に

記録時間もフィリップスの60分に対してソニーは75分、ディスクの直径もフィリップスの11・5センチに対してソニーは12センチと両者の意見は違った。フィリップスの11・5センチはオーディオカセットの対角線と同じで、ヨーロッパ市場での将来性を見込んだもので根拠のあるものだったが、ソニーは「収録するオペラの幕が途中で切れてはいけない。ベートーベンの『第九』が入る長さに」ということで、それが可能となる75分と直径12センチを主張。

フィリップスは「12センチだと上着のポケットに入らない」と反論したが、ソニーは日米欧の上着のポケットを実際に調べて「14センチ以下のポケットはないから、12センチで問題ない」と再び主張。ソニーの熱意が通り、ＣＤは最大記録時間約75分、直径12センチとなったのだった。

# 8兆円市場を生み出した日本産フラッシュメモリー

## 東芝の技術者が開発したフラッシュメモリー

パソコンなどでデータの保存のために使われるフラッシュメモリー。USB端子に接続できるUSBメモリーや、携帯電話やデジタルカメラでもつかわれるメモリーカードなどもフラッシュメモリーの一種だ。フラッシュメモリーは国内外のメーカーがつくっているが、実は日本の電子工学者である舛岡富士雄が東芝に所属していた時に発明したものである。

東北大学で工学博士号を取得して1971年に東芝に入社した舛岡は、なかなか売れなかった高性能なメモリーを売ろうと営業職としてアメリカのコンピューター会社を回るが、メモリーを売ることはできなかった。だが、その時に営業先の会社から言われた「メモリーの性能は最低限でいいから安い製品を」という言葉がヒントになり、あえて性能を下げてコストを4分の1にすることでフラッシュメモリーを生み出すのだった。

## 開発者のその後は
## 窓際→裁判→紫綬褒章

フラッシュメモリーを発明して東芝に貢献した舛岡だったが、東芝時代の最後の数年間は研究所長の次のポストではあるものの研究費も部下もつかない、本人いわく「窓際族」に追いやられる。研究を続けたかった舛岡は東芝を去り、母校・東北大学や日本ユニサンティスエレクトロニクスで研究を続け、フラッシュメモリーの容量を10倍に増やす技術などを開発。2007年には紫綬褒章《しじゅほうしょう》を授与され、2013年には文化功労者に選ばれている。

フラッシュメモリーはあらゆる電気製品のほか、自動車やバイクなどにも用いられ、アメリカの経済誌『フォーブス』によれば年間8兆円のマーケットがあるという。舛岡は東芝退社後の2004年、フラッシュメモリーの特許で東芝が得た200億円の利益のうち20％は発明者である自分が受け取るべき対価として、東芝を相手に訴訟を起こしている。2006年に和解が成立し、東芝は舛岡に8700万円を支払うことになった。

## Q 患部に直接薬を届ける方法は?

薬には副作用がつきものであるが、中には生命に関わる副作用があるのに、病気と戦うために服用しなければならないものもある。例えば、抗がん剤だ。がん細胞を攻撃してくれるが、周囲の健常な細胞も攻撃してしまうので、強い副作用に患者は悩まされることになる。

患部に直接薬剤を届ける。そんな夢のような技術が、ドラッグ・デリバリー・システムである。数ナノメートルから数百ナノメートルという小さなキャリアを用いて患部に薬を届ける技術で、既に実用化が近いと目されている。

## A ドラッグ・デリバリー・システム

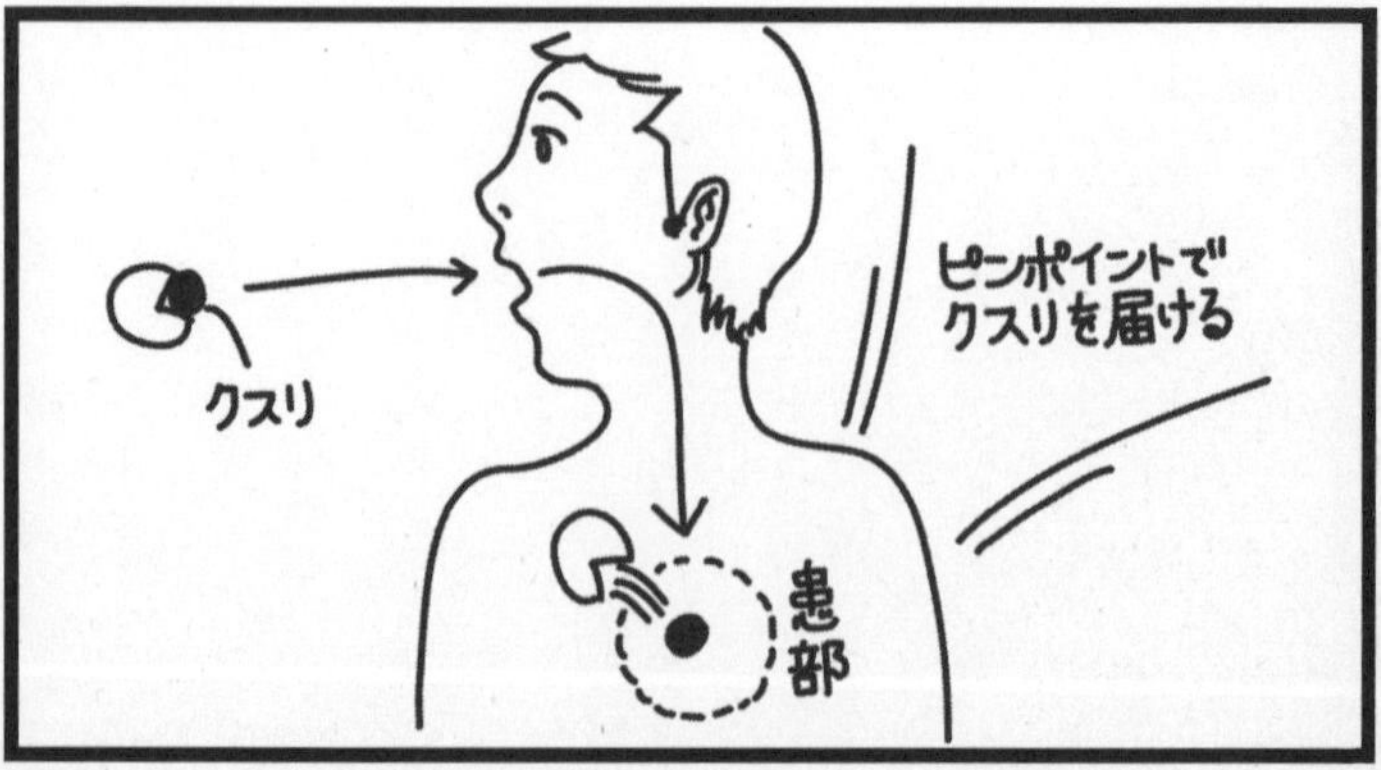

# Q がんを眠らせる物質として期待されているのは?

がんは根治が難しい難病だが、あえて根治をしない治療法が研究されている。それは、がんを眠らせてしまい、これ以上活動させないようにして、手術による除去などもしない、という治療法だ。

この治療法に欠かせないのが、休眠維持物質のヤママリン。この物質は、8カ月間も休眠するヤママユガの幼虫から発見されたもので、まだ仕組みはわかっていないが、ラットのがん細胞に投与したところ、ぱたりと増殖をやめてしまったという。

この治療法で、がんに苦しむ多くの人が救われるだろう。

# A ヤママリン

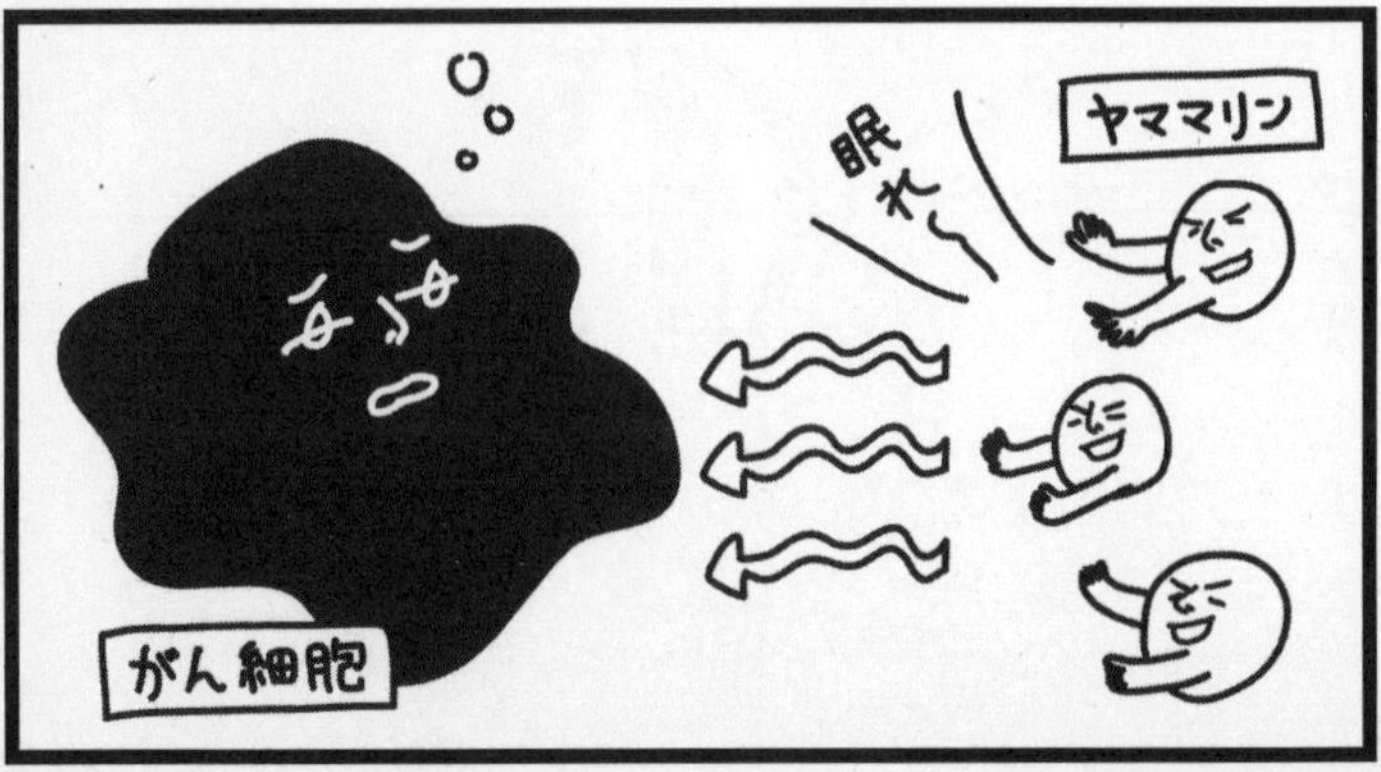

# Q 気球で高度を上げ続けると人はどうなる?

空高く昇れば昇るほど、空気は薄くなり、気温は寒くなる。では、もし気球をつかって上昇できるだけ上昇した時に、生命は凍死か窒息死か、どちらを迎えるのだろうか?

その答えは、酸素欠乏症による窒息死である。実は、人間は寒さより低酸素に弱い面があり、急激に高度を上げてしまうと、あっという間に酸素欠乏症にかかってしまうのだ。

もしも気球に乗る際に裸同然の格好でいれば、凍死が先になるかもしれないが、ある程度の防寒をした状態なら、酸素欠乏症の方が怖い症状なのである。

# A 酸素欠乏症で死ぬ

# 第16章

# 知っておくと得をする「化学」の知識

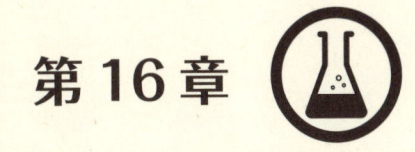

# 金属だって液体にも気体にもなる

水は熱を加えられて蒸発すると水蒸気になる。逆に水を冷やすと凝固して氷になる。氷に熱を加えれば融解して水になるし、空気中の水分が凝縮されれば水になる。水は液体、固体、気体に姿を変えるのだ。

水のこうした様子は身近であるから、当たり前のことしか書いていないように思うかもしれないが、水以外の物質も同様に気体、液体、固体へと姿を変える。ただし、その変化を起こす温度が水とは違うため、目にする機会がないのだ。

固体が融解して液体になる温度を融点、液体が沸騰する温度を沸点と呼ぶが、水の場合は(気圧などの条件で変化するが)融点は0℃、沸点は100℃。これが別の物質、例えば金属類となるとどうだろうか? 金の融点は1064・4℃、沸点は2857℃。銀の融点は961・9℃、沸点は2162℃。そして鉄の融点は1536℃、沸点は2863℃。

1000～2000℃のような状態にならないと金属類が固体→液体→気体となる様子は見られない。

酸素だと沸点はマイナス183℃、融点はマイナス218・4℃。二酸化炭素は沸点がマイナス78・5℃、融点はマイナス56・6℃。こちらも日常生活で見ることは不可能だろう。

## 家電生活ではアンペアに注意

電気にまつわる、ワット、アンペア、ボルトという単語。電化製品を買う時ぐらいしか意識しないかもしれないが、知っておいて損はない。

アンペアは電流の単位（記号はA）。電線の中を流れる電気の量を示す。ボルトは電圧の単位（記号はV）。電流を流すための圧力の量を示す。ワットは電力の単位（記号はW）。電流×電圧の計算で算出する。

家庭用のボルトは通常100Vと決まっているが、アンペアは電力会社との契約で変えられる。アンペアの数値によって基本料金も変わってくるので、自分の生活に合ったアンペア数を選ぶようにしよう。

低いアンペア数で生活したい場合は、アンペアの大きい電化製品は分散してつかう、エアコンは設定温度になればアンペアが下がるので、スイッチを入れてしばらくはほかの家電製品をつかわないなどの工夫が必要だ。

アンペアの計算方法は、ワット÷ボルト。例えば消費電力1000Wのドライヤーなら、日本の家庭の電圧は100Vと決まっているので、1000÷100=10Aとなる。ドライヤーをつかうのに必要なアンペアは10Aだ。アンペアの契約数がもし20Aだった場合には一気に半分もつかってしまうのでご注意を。

## 意外な形でギネスブックに載るスポーツ

野球やサッカーというメジャースポーツはやるのも見るのも楽しいのはもちろんだが、マイナー(失礼!)なスポーツには思わぬ魅力がある。

例えば、バドミントン。一流選手のプレイを見たら、そのすさまじいスピードに驚くはずだ。男性プロ選手のスマッシュは平均時速300～350キロメートル。2013年の試合では、マレーシアのタン・ブンホン選手のスマッシュの初速が時速493キロメートルを記録して、2015年度版のギネスブックにも掲載された。

ほかにギネスブックに載ったスポーツの記録でインパクトのあるものとしては、ベンチプレスがある。2014年にはフランスのジェラルド・リウイ選手が水中で36回連続ベンチプレスしたという記録を達成。バーベルのバーに金属の重りの代わりに人間が乗っかって114キログラムとなった状態のものを1分間に何回持ち上げられたかという記録も載っている。こちらの回数は126回！

マラソンでは、選手のタイムの記録以外では、2001年にロシアのオムスクで開かれたマラソンの気温がマイナス39℃となり、「もっとも寒いマラソン」でギネスブックに掲載。ドイツのテューリンゲン州では、海面下500メートルの鉱山でマラソンが行われていて「もっとも深いマラソン」でギネスブックに掲載されている。

# ゴルフボールの凸凹には空気力学と大きな関係が

ゴルフボールといえば表面がボコボコしている。あのボコボコはディンプルとよばれるが、昔からボールについていたわけではない。

ゴルフは15世紀ぐらいにははじめられていたというぐらい古いスポーツだが、19世紀から20世紀はじめの頃のゴルフボールはただのゴムや樹脂の塊だった。それが、ある時ボールの表面に傷がついている方が飛距離が伸びると気づいた人が出て、では最初からボールの表面に傷をつけるようにしよう、となり、それが今のディンプルにつながったのだ。

実際、ディンプルがないつるつるのボールを打つと飛距離が大幅に短くなるという。ある専門家によると「通常のディンプルがある球に比べると、飛距離は半分ぐらいになります」とのことだった。

では、ディンプルはどういう役割を果たしているのか？　球体であるボールが空中を飛ぶ時、球体の後方に真空に近い低圧部ができて、ボールを引き戻そうとする後ろ向きの抗力が発生する。だが、ディンプルがあると空気が球の表面に添って後ろに回り込むので低圧部が小さくなり、抗力も弱くなる。抗力が小さくなることで飛距離も伸びるのだ。

ディンプルの数、大きさ、深さ、形などによって飛距離や弾道は変わってくるそうなので、ゴルフプレイヤーのあなたは、クラブだけでなく、ボール選びもじっくり行った方がいいだろう。

## 鉛筆には工夫とこだわりが詰まってる

鉛筆などの文房具には日頃からお世話になっているが、最後までつかい切るということは少ないだろう。だが、鉛筆はつかい切れば、スゴい記録を達成することができるのだ。

鉛筆のユニシリーズなどでおなじみの三菱鉛筆によると、芯を全部つかい切ればなんと約50キロメートルもの線が引けるという。

50キロメートルも線を引いたら指が疲れそうだが、鉛筆の軸には工夫が凝らされている。鉛筆の軸に六角形が多いのは、持ちやすさに配慮しているからだ。鉛筆を握る際は、親指、人差し指、中指の3点で鉛筆を押さえることになるので、軸の側面は3の倍数である必要があるとのこと。

一方、色鉛筆は絵を描くために様々な持ちかたをするので、丸軸になっているのだとか。

ちなみに、鉛筆の芯とシャープペンシルの芯は同じものではない。鉛筆の芯は黒鉛とねんどを焼き固めたものだが、シャープペンシルの芯の原料は黒鉛とプラスチック。ねんどをつかったものより、高強度となっているのだ。

さらに付け加えると、鉛筆の硬度はユニシリーズで22種類あり、10B（Bはブラックの略）がもっとも黒く柔らかい芯。

逆に10H（Hはハードの略）が薄く硬い芯となっており、その中間にF（ファーム＝しっかりした、の略）がある。

これらの硬さは、ねんどと黒鉛の割合で決まる。

# 「火がついた天ぷら油はマヨネーズで消火！」は本当？

台所で料理中に電話がなった。火をつけっぱなしにしたまま電話に出て、台所にもどったらコンロの上の揚げ物の油に火がついていた！

2009年の消防庁の調査だと、住宅火災の原因で一番多い出火原因はコンロという結果になっている（2位はタバコ、3位は放火、4位はストーブ）。コンロの上の油の発火は火事につながりやすいのだ。

「マヨネーズを容器ごと天ぷら油の中に入れれば消火できる」という話を聞いたことはないだろうか？　消防庁消防大学校消防研究センターの公式サイトの「よくある質問」にも「マヨネーズで消火できますか？」という質問が載っている。だが、それに対する答えは「消えることもあるが、条件によってはより危険になる場合があるのでお勧めできません」というものだった。

マヨネーズを投入して油の温度が十分に下がり、なおかつ天ぷら油があふれ出さなければ火は消える。だが、そもそもマヨネーズの主成分はサラダ油。燃えている油に油を注ぐほど危険なことはないだろう。

燃えている天ぷら油に水をかけるのもお勧めできない。油にかけた水は一気に水蒸気になってしまい、周囲に高温の油をまき散らしてしまうことだろう。

台所には家庭用消火器をそなえておくべきだ。

## ペットボトルは中身でこんなに違う

清涼飲料水などの容器として定着したペットボトル。実はペットボトルは、中に入るものによって形や強度などが違っている。

炭酸飲料のペットボトルの場合、口部が透明で、丸くて凹凸が少なく、厚くて硬めのタイプがつかわれる。炭酸の圧力に耐えてボトルが変形しないようにするためだ。ボトルの底も圧力への対策として、ペタロイドとよばれる花弁形状のものがつかわれる。

果汁飲料やスポーツドリンク、お茶などの場合、充填時は中身が熱いため、熱がボトルで変形しないように耐熱用のボトルとなっている。特徴は、白い口部、減圧吸収のための凹凸がある胴などだ。

ミルク入り紅茶飲料などの無菌充填用ボトルの場合は、薄くてやわらかいものとなっている。これは省資源のための軽量化を狙ったものだ。

## 二酸化炭素＝ドライアイス、ドライアイスの煙≠二酸化炭素

食品の保冷、舞台のスモークなどにつかわれるドライアイス。ドライアイスは二酸化炭素を固体にしたものである。

二酸化炭素は強い圧力をかけると液体になる。その液体となった二酸化炭素を空気中に噴き出させると、一気に圧力が下がって気体になってから、すぐに凍ってしまう。

こうやってつくったドライアイスは固体から直接気体になる特徴がある。では、

溶けたドライアイスからもくもくと出てくる白い煙は二酸化炭素……と思いがちだが、あれは二酸化炭素ではない。そもそも、二酸化炭素は無色だから、白い煙は二酸化炭素ではなさそうだ。では、白い煙の正体は？

あの白い煙は水なのだ。ドライアイスの温度はマイナス79℃以下で水が凍る0℃よりも低い。空気中の水蒸気がドライアイスに冷やされて氷のつぶや水滴になって漂っている状態が白い煙なのである。

ちなみに本物の煙と違ってドライアイスの白い煙が上にあがっていかず、地面を這うように漂うのは、ドライアイスから昇華した二酸化炭素が重く、ドライアイスで冷やされた空気も重くなるためである。

## 木と木炭の燃えかたがこんなに違うのはなぜ？

バーベキュー、七輪での調理などで燃料としてつかわれる木炭。普通の木がメラメラと炎をあげて燃えるのに対して、炭はじっくり静かに燃えるなど、燃えかたの様子が木と木炭とではかなり違う。

木炭は木を蒸し焼きのような状態で燃やして炭化させたものであり、中から可燃性のガス成分が抜け切っている。炎は可燃性の気体が酸素と反応することで起きるのだが、炭の中にはガス成分がないため、燃やしてもメラメラとした炎は出ないのである。

可燃性のガス成分がないため、炭の燃焼は酸素と接触する表面だけで起きる。燃えるスピードは表面だけなので速くない。それで一気に燃え尽きることもなく、ゆっくりじわじわと長時間燃えるのである。

木炭にされる木材の種類は、日本ではナラ、ブナ、カシ、クヌギなどが多かったが、近年は竹炭もよく使われる。有名な備長炭は、カシを使った木炭である。

炭火は料理などで多用され、料理店では炭火焼きを売りにした店も多い。炭火焼きが美味しいと言われる理由としては、「燃やしても水蒸気が発生しないので、食材がからっと焼き上がる」「ガスよりもはるかに高い温度」「赤外線によって食材を短時間で直接加熱するので、食材のうまみを封じ込める」といったものが挙げられている。

# 霜が降りると甘くなるのは野菜の知恵だった

野菜と言っても、その性質は品種によって様々。畑で育てている時も、高温を好む野菜もあれば、低温を好む野菜もある。

低温を好み秋冬の時期に栽培する野菜の中で、0℃近くでも枯れない野菜としては、エンドウ、空豆、ダイコン、カブ、白菜、キャベツ、コマツナ、ホウレンソウ、ネギ、ラッキョウなどがある。冬野菜の多くは霜が降りると甘くなると言われている。

冬になって気温が氷点下まで下がると霜が降りる。だが、そんな状態でも畑の野菜は凍らない。細胞中の水分が凍らないように、水分を減らして糖分を増やしているのだ。ただの水に比べて砂糖水は0℃では凍らない。このことで寒さに強くなるのと同時に甘くなるのだ。

ダイコンの場合は、土から顔を出した上部の方が甘くなり、地中深くの先端は虫に食べられないよう辛くなるという。

ホウレンソウは一年中栽培されるが、冬に収穫したものの方が甘みが増している。しかも、夏のものに比べてビタミンCが3倍にもなっている。美味しいだけでなく、体にもいいのだ。

## ナポレオン三世の募集から生まれたマーガリン

バターの代用品として生まれたマーガリン。

19世紀のフランスで酪農地帯が戦場となり、バターが不足する事態が発生。皇帝ナポレオン三世（「余の辞書に不可能の文字はない」と言ったとされる名文句でおなじみのナポレオンの甥《おい》にあたる）がバターの代用品を募集し、その時に採用されたのがマーガリンの原型だった。

マーガリンもバターも80％は油脂だが、乳脂肪分をつかったバターに対しマーガリンは植物油をつかう。植物油は液体だが、固体の脂も加え、さらに植物脂と水素が反応すると固体になるので、水素も加えている。続いて水、乳化剤も入れ、最後に風味づけの発酵乳や食塩、栄養のためのビタミン類を加えてマーガリンの完成である。

心臓疾患の一因になる可能性があるトランス脂肪酸が入っていることで、マーガリンは体に悪いのではないかという議論も近年起きているが、日本マーガリン工業会は、日本人のトランス脂肪酸の摂取量はＷＨＯの勧告値より少ないなど安全性をうたった見解を発表している。また、トランス脂肪酸を減らしたマーガリンも販売されているので、賢く選びたいものだ。

## 煮魚が煮こごりに変身する理由

夕飯でつくった魚の煮物の残り物を冷蔵庫に入れておいて、翌日食べようと出してみたら、煮汁がゼリー状になって固まっていた、なんてことがあるだろう。もちろん、これで食べられなくなったわけではなく、電子レンジや鍋に戻したりして温めれば、再び溶けて煮汁に戻る。このゼリー状は煮こごりという。料理としてつくることもあるものなので、食べても美味しいのだが、なぜ煮汁が固まってしまうのか？

煮こごりの主成分はゼラチンである。魚の皮、骨、タンパク質などに含まれていたコラーゲンが、煮物として調理される時にゆっくり煮られることでゼラチンに変化する。

このゼラチンは冷えると固まる性質がある。魚から煮汁に溶け出したゼラチンによって煮こごりがつくられるのである。

というわけで、コラーゲンの多い魚を煮て冷蔵庫で冷やせば煮こごりができる。コラーゲンの多い魚としては、サメ、ヒラメ、カレイなどがある。サメの煮こごりは、新潟上越地方の郷土料理で、正月料理として食べる風習があり、酒のさかなとしても人気がある。また、海外でもフランス料理ではアスピック、中華料理ではルードンなどとよばれ、地方の名物料理になっている。

肉でも煮こごりをつくることができるが、鶏肉や牛すじなどやはりコラーゲンの多いものがつかわれる。

# 魚の干物が保存食になるのはなぜ

昔ながらの保存食である魚の干物。

干物が保存食になるのは腐敗の原因である水分を乾燥させて抜くからである。水分を抜くことで、糖、アミノ酸、グルタミン酸など美味しさの成分が濃縮されるというメリットもある。干物の作りかたとしては太陽光でつくる〝天日干し〟と機械で乾燥させる〝機械干し〟がある。天日干しが美味しいか、機械干しが美味しいかは食の嗜好《しこう》によって判断がわかれるところもあるが、一説には太陽光の紫外線が干物を美味しくする効果があるとも言われている。

そのほか、魚を生のまま、または調理してから乾燥させる〝素干し〟、煮てから乾燥させる〝煮干し〟、塩に漬けてから乾燥させる〝塩干し〟などがある。素干しはうまみ成分のイノシン酸が酵素で分解されてしまうが、煮干しだと加熱で酵素の働きが止まるので、うまみ成分を残すことが可能だ。

# 第17章

# 「身近なもの」に隠されたスゴいテクノロジー

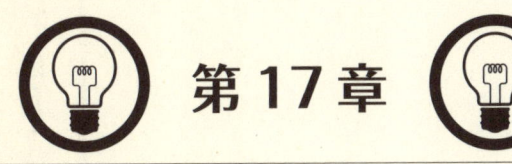

# 気化熱を利用して室温を下げるエアコン

夏の必需品のエアコン。エアコンが温度を下げる秘密は気化熱にある。

液体が気体に変わる際に、周囲から吸収する熱のことを気化熱と呼ぶ。消毒のためにアルコールを含ませた脱脂綿で体を拭いた時に、ひんやりした経験はないだろうか？

これはアルコールが気化する際に熱を奪うので冷たく感じるのである。

エアコンは室内機と室外機がセットになっている。室内機と室外機はパイプでつながれているが、パイプの中には気化しやすい物質（冷媒）が入れられている。このパイプで室内の熱を外に運ぶのである。

室内機と室外機にはそれぞれ熱交換器という部品が内蔵されているが、まず冷媒は室内機の熱交換器で室内の熱を奪う。熱がなくなって冷たくなった空気が冷風として吐き出される。

熱を奪った冷媒は室外機の熱交換器で熱を放出する。そして、再び冷媒は室内機の熱交換器に向かい、また室内の熱を奪うのである。

気化熱を利用して室内から熱を奪って、その熱を室外に放出する。この繰り返しで部屋を涼しくする。これがエアコンの仕組みなのである。暖房の場合はこれを逆にして、室内に熱を放出するのである。

## 迷惑な若者だけを狙い撃ちする〝モスキート音〟

東京都足立区で夜中に公園でたむろする迷惑な若者たちへの対策として〝モスキート音〟が試験的に運用されたことがあった。

モスキートは日本語で言うと蚊。蚊の羽音のように不快な音がするので、この名前がつけられたという。だが、なぜモスキート音が若者への対策になるのか。

人間の耳はおおよそ20ヘルツから20キロヘルツの周波数の音を聞くことができる。その中でも会話につかわれる２００ヘルツから4キロヘルツの音は特によく聞くことが可能だ。だが、年をとると感覚毛（この毛が音の振動で揺れることで音を認識する）の損耗や感覚細胞の減少などで老人性難聴となり、可聴域が高音域から狭くなっていく。そして、加齢で高い音が聞けなくなるこの現象を利用したのが、前述のモスキート音なのだ。

モスキート音は17キロヘルツ前後の音であり、20代前半ぐらいまでの若者にはよく聞こえるが、それ以上の年代の人には聞こえづらい。若者にしか聞こえないので、迷惑な若者だけを攻撃する武器としてはうってつけの手段なのだ。

## 飛行船はどうやって飛び立ち戻ってくるのか

ゆったりと優雅に空を飛ぶ飛行船。エンベロープと呼ぶガスを入れる部分にヘリウムガスを入れて宙に浮き空を飛ぶ。以前は水素ガスをつかっていたこともあったが、燃える危険性があるため、今はつかわれていない。

ちなみに、１９３７年に大事故を起こしたドイツの飛行船ヒンデンブルク号は水素ガスをつかっていた。ヒンデンブルク号の事故がきっかけとなって水素ガスではなくヘリウムガスが使用されるようになったのだ。

エンベロープにはガスだけでなく、空気を入れる箇所もある。空気で満たされたバロネットという袋が前後にひとつずつ計二つ設置されているのだ。

飛行船は気球とは違い、エンジンが搭載されていて、推進用のプロペラがある。このプロペラが離陸と着陸でも重要な役割を果たす。

まず離陸の時は前のバロネットを後方に移動させて船首を上げ、推進用プロペラで前方に進み離陸する。着陸の時は後ろのバロネットを前方に移動させて船首を下げ、推進用プロペラで進み下降して着陸するのだ。

## S字形配水管は頼もしい門番だった

流し台の下の配水管はS字形になっている。なぜ、わざわざ曲がりくねった形にしているのだろうか？　直線の形になっている方が水もスムーズに流れるのではないだろうか？

パイプをS字形にすることで、曲線の部分に常に水が溜《た》まることになる。この水がフタの役割を果たし、悪臭や虫などが下から昇ってくるのを防いでいるのである。配水管がストレートだったら下水の嫌な匂いが部屋中に漂うかもしれないのだ。そんなゾッとする事態を想像すると、S字形の配水管が悪臭や虫から部屋を守る頼もしい門番のように思えてくる。

洋式トイレの常に溜まっている水も、S字形配水管の水のふたと同じような役割を果たしている。

## 信号機が西日に強くなった

以前の信号機は夕方の西日を浴びた時は、その強い光のせいで信号が何色になっているのか見づらいことがあった。

だが、今の信号機は西日が当たってもハッキリと信号が青なのか黄なのか赤なのかがわかるようなっている。

信号機に行われた改良は、発光ダイオードによるものである。

かつての信号機に強い西日が当たると、まるで全部の色が点灯しているようにみえて、何色が光っているのか判別できないことがあった。

だが、光そのものに色をつけることができる発光ダイオードであれば、赤・黄・青のどれが光っているのかが一目瞭然。西日にまどわされることもなくなったのである。

しかも、これまで信号機につかわれていた白熱電球と比べて寿命が長く消費電力が小さいという長所まであるのだ。

## 体温計の水銀はなぜ目盛りの位置から動かないのか

今はデジタルの体温計が普及したが、かつては水銀をつかった体温計が主流だった。脇などにしばらく水銀体温計をはさむと、先端の液溜めの水銀が体温によって膨張する。膨張した水銀が目盛りのどこまで伸びたかによって、体温が何℃なのかが示されるのだ。つかい終わったら、体温計を振って水銀の位置を戻すのだが、振らない限り水銀の位置は変わらなかった。考えてみると、なぜ水銀が戻らないのかふしぎだ。

戻らない理由は、水銀の非常に強い表面張力である。水も表面張力は強いが、水銀は水の約6・7倍の強さの表面張力をもっているのだ。

つかい終わった体温計を振るのは、表面張力をつかっている水銀を力づくで液溜めに戻すためである。

## 充電式電池の正しいつかいかたを知らないと損

電池の中にはつかい捨てではなく、充電して繰り返しつかえるタイプの充電式電池がある。繰り返しつかえて環境に優しいし、経済的にもお得なすぐれものだが、正しいつかいかたを知らないと、損をしてしまうことがある。

正しいつかいかたと言っても簡単。ニッケル・カドミウム電池の場合、電気をつかい切ってから充電するというだけのことである。

ニッケル・カドミウム電池を途中までしかつかわずに継ぎ足すように何度も何度も充電していると、電池がその継ぎ足しをはじめた容量を記憶してしまい、電池容量がメモリーされた容量のところまで来ると、勝手に必要な電圧がなくなったと判断してしまい、起電力の低下などが起こる。これを〝メモリー効果〟と呼ぶ。

メモリー効果が起きてしまった時は、電池をいったん空にすればメモリーを消すことができるので、いずれにせよニッケル・カドミウム電池をつかうなら電気をつかい切るようにしよう。

## 医療にまでつかわれる瞬間接着剤の実力

様々なものを瞬時にくっつけることができる瞬間接着剤。家庭内の日常生活だけではなく、手術など医療の現場で使用されることもあり、アメリカでは核兵器の組み立てにつかわれたことすらあるのだとか。

接着剤がものを接着させることができるのは、ものの表面のでこぼこした部分に接着剤が流れ込み、接着剤側の分子と、もの側の分子との間に〝分子間力〟という力が働くからである。

瞬間接着剤の主成分はシアノアクリレートという有機化合物である。シアノアクリレートは空気中もしくは接着させるものの表面の水分と反応すると秒単位で硬化する。水分に触れた瞬間に分子同士が手をつないで重合し硬化するのだ。

瞬間接着剤のフタを開きっぱなしにしていると口が固まってふさがってしまうが、これは空気中の水分と反応してしまうために起きる現象だ。

## 電子レンジが温められないものって?

残り物を温めたり、レトルト食品を温めたり、調理につかったりと、なにかと便利な電子レンジ。電子レンジは温めるのが仕事だが、火力などで加熱しているわけではない。英語で「microwave oven」とよばれるとおり、電子レンジがつかっているのは電磁波の一種であるマイクロ波である。

電子レンジに入れられたものにマイクロ波を当てて、対象物に含まれる水の分子を振動させるのである。その振動で熱が生まれて加熱されるのである。

マイクロ波を水の分子に当てて加熱するので、水の分子をもたなくてマイクロ波が透過するガラスや陶磁器は熱くならない。

電子レンジが水を温めていることをわかりやすく感じられる実験がある。濡《ぬ》れたおしぼりと、乾いたおしぼりの2種類を同時にレンジに入れればいいのだ。熱くなるのは、濡れたおしぼりの方だけ。水分を含まない乾いたおしぼりは熱くならないだろう。

電力を用いて加熱する器具として、ほかにも「電気コンロ」や「IH」があるが、こちらは電気によって発生する熱を利用している。「電気コンロ」の場合は、ニクロム線などに通電した際に電気抵抗によって生じる熱を、「IH」では内部のコイルに通電することで生じる磁束(磁力の束)が、載せられた鍋の金属を発熱させるという仕組みになっている。

# 一瞬で体脂肪率が計れるのはなぜ？

身体の体脂肪率を計ってくれる体脂肪計。体脂肪計の機能がついた体重計も多い。だが、乗ったり握ったりするだけで体脂肪率がわかるのはなぜだろうか？

体脂肪計は、「脂肪は電気を通さないが、筋肉は電気を通す」という性質を利用している。体脂肪計をつかった時に身体に微弱な電気を流して、どのぐらい電気が通りにくいかという電気抵抗を計測し、そこから脂肪以外の筋肉、内臓、骨などの重さを割り出すのである。体重から脂肪以外の組織の重さを引けば、脂肪の重さがわかり、そこから体脂肪率を算出するのだ。

なお、水分は電気を通しやすいので、飲食のあとなどは体内の水分が増えて正確な体脂肪率が計れなくなる。また、運動後や入浴後、アルコールの摂取後、発熱中なども正確な測定が難しく、朝と夜で測定値が異なることもある。ダイエットの目安にする場合は、要注意である。

# 飛行機が飛べる理由、高度1万メートルを飛ぶ理由

鉄の塊である飛行機が飛ぶ原理だが、スプーンと水道水という身近なもので説明することができる。

蛇口から出しっ放しの水にぶらさげたスプーンの曲面側を近づけると、スプーンに沿って水が流れていく。するとスプーンが水側の方に引きつけられる力が発生するのだ。

このスプーンに働いた力こそが、飛行機が飛ぶための力。飛行機は〝揚力〟という力で持ち上げられているのだ。

飛行機が前に飛ぶ時に、機体に沿って空気が後ろに流れていく。

スプーンの実験と照らし合わせると、飛行機がスプーンで、空気が蛇口からの水。スプーン側が水に引きつけられたように、飛行機も上側に持ち上げられるのだ。飛行機の主翼もスプーンも曲面があると考えれば、より納得できるのではな

いだろうか。

揚力を得て飛んだ飛行機は、気象条件によって違いはあるものの、高度1万メートル前後を飛行することが多い。ビルや山にぶつからないなら、そこまで高く飛ぶ必要はないだろうと思うかもしれないが、これには理由がある。

高度が高ければ空気が薄くなり、空気抵抗も減って、少ない燃料で飛ぶことができるのである。では、高ければ高いほどいいのかと言うと、あまりに高過ぎるとエンジンを燃やすのに余計燃料が必要となってしまう。

高度1万メートル前後が適当なのである。

## つかい捨てカイロの中身は鉄!?

手軽に寒さをしのげるつかい捨てカイロ。カイロに入っている中身の主な成分は鉄粉だ。鉄がなぜ温かくなるのかお教えしよう。

つかい捨てカイロは鉄の化学反応を利用して、熱を生み出しているのである。

鉄は空気中の酸素と化学反応を起こしてさびる。この時、実は鉄は熱を発している。ただ、鉄がさびるスピードがゆっくりとしているので、その熱がわかりづらいだけなのだ。

つかい捨てカイロは、鉄がさびる時に発生する熱を利用している。熱を得るために、酸化のスピードを速くし、一度にたくさんの鉄を酸化させるようにしている。カイロの中に入っている鉄以外の成分も、そのためのものだ。

まず、水。これは鉄をさびさせるためのものだ。

次に塩類。さびる速度を速める。活性炭も入っている。

活性炭が空気中の酸素を取り込んで酸素の濃度が高まり、鉄が速くさびる。

水で鉄がベタベタするのを防ぐための保水剤も入っている。

また、一度にたくさんの鉄を酸化させるために、鉄粉をスポンジ状の構造にする工夫も凝らしてある。スポンジのように1粒1粒に穴がたくさんあいた複雑な形をしているので、鉄粉の表面積が広くなる。

このことで、一度により多くの鉄を酸化し、そのことでカイロはしっかりと温かくなるのである。

# 住宅街でも夜中でも弾き放題な〝消音ピアノ〟

都会の住宅事情では、家にピアノがあっても自由に弾くことは難しいだろう。防音ルームがあれば24時間いつでも思う存分演奏できるかもしれないが、それはコスト的にハードルが高過ぎる。

そんな時に強い味方になるのが〝消音ピアノ〟。モードを切り替えるだけで音を出したり消したりできるという便利な機能をもっている。

通常のモードで消音ピアノを弾いている時は、アコースティックピアノと同じだが、消音モードに切り替えると本領が発揮される。

ピアノは鍵盤を押すと、ピアノの内部でハンマーが弦を叩き音が出る仕組みになっている。消音ピアノは消音モードでは、弦を叩く直前にハンマーが止まるようになっているのだ。そのかわり電子音源が鳴り、それをヘッドフォンで聞けるようになっている。外部には音が出ないから、消音ピアノというわけだ。

「弾いている音をヘッドフォンから聞きつつ演奏するなら、電子ピアノでも同じことはできるじゃないか」と思う人もいるかもしれないが、電子ピアノとアコースティックピアノとでは鍵盤のタッチ（弾き具合）が違う。消音ピアノはアコースティックピアノの鍵盤のタッチはそのままで、音は外に出さずにヘッドフォンから聞くことができるのだ。

これなら防音ルームがなくても、24時間好きな時にピアノが弾ける。

## 暖房器具から下着にまでつかえる遠赤外線の正体

こたつ、ストーブ、電気オーブン、果ては下着やカーペットなどにまでつかわれている〝遠赤外線〟。遠赤外線は電磁波の一種である。

可視光線の中で波長がもっとも長いのが赤色の光だが、それより波長が長いのが赤外線なのだ。

赤外線の中には近赤外線、遠赤外線がある。

赤外線の中でも可視光線に近い性質をもつのが近赤外線。赤外線の中でも可視光線より電波に近い性質をもつのが遠赤外線。遠赤外線は熱をよく伝えるという特徴がある。遠赤外線は食品や木材などに吸収されやすいので、物を温めることに向いているのだ。

遠赤外線ヒーターなどは、熱源から遠赤外線を放出するということで、その働きをイメージしやすいが、遠赤外線の下着とはどういうものだろうか？

遠赤外線下着は、遠赤外線を出しやすいセラミックの粒子を繊維に練り込んだり、繊維をコーティングしたりしている。人の体が発する熱を遠赤外線下着が吸収して、その熱を波長の長い電磁波として体に向けて放つ。この熱のやりとりで体が温まるのだ。

遠赤外線はいろいろな商品につかわれているが、熱を発しているものすべてから遠赤外は出ているので、遠赤外線自体は珍しいものではない。

また商品のうたい文句で「体の心から温まる」と書かれることも多いが、遠赤外線は皮膚から約0・2ミリの深さで吸収されるので、そうしたキャッチコピーは話半分に聞いておいた方がいい。

# 第18章

# 文系では教えてくれない「エネルギー」と「環境」の知識

# エネルギー事情が変わるシェールガス革命

## 地下に眠っていた新たなエネルギー

エネルギー問題を解決することが期待されている〝シェールガス〟〝シェールオイル〟。シェールガスは天然ガスであり、シェールオイルは原油である。

シェールとは日本語で言うと頁岩《けつがん》。堆積岩の一種で、有機物に富んでいるものが多いという特徴がある。

頁岩層に資源が豊富に存在することは1821年の時点でわかっていたが、頁岩層は硬いため技術的に難しく、採掘が行われることはなかった。

それが変わったのは1998年。アメリカで水圧破砕を応用したシェールガス生産技術が確立したことで開発が進みはじめた。

2000年頃からはシェールオイルの開発もはじまっている。

IEA（国際エネルギー機関）は、シェールガスによってアメリカが

2025～2030年には世界最大のエネルギー生産国になると予測している。世界最大の経済国が世界最大のエネルギー生産国になる事態で、〝シェールガス革命〟とよばれている。

世界各国の中でアメリカのシェールガス開発が先行している理由として、「私有地の地下資源は、その土地の所有者のものになる」というものがある。この法制度により、土地の所有者が一《いっ》攫《かく》千金を目指すので、開発が活発に進んでいるのだ。

また、パイプラインが充実しているので生産したガスと石油を市場に持ち込みやすいという理由もある。

## 日本に及ぼす影響は？

石油資源がなかった日本でも、わずかだが秋田県でシェールオイルが見つかっている。また、シェールガスを取り出すための圧力に強い鋼管パイプ、ガスを精製するプラントをつくれるのは、日本のメーカーだけなので、そういった面からもシェールガス革命は日本にメリットがある。

ただし、シェールガス革命でアメリカの石油化学産業が盛り返すため、日本の石油化学産業は相対的に競争力が低下するという見かたもある。

# 石油は本当に有限？　本当は無限？

## 有機起源説なら石油の量は有限

数億年前の生物の死骸が地下で長い年月をかけて高熱と高圧によって化学変化を起こして石油に変化する。これを石油の有機起源説と呼ぶ。

長い間、有機起源説と、生物の死骸由来ではない無機起源説が主張されてきたが、現在は有機起源説が主流となっている。

生物の死骸が石油のもとであるならば、生物の死骸の数は限られているから石油も有限であるはず。だが、何十年も前から「いずれ石油は枯渇する」と言われる割に、その気配はない。本当に石油はなくなるのだろうか？

## 実はわからない石油の埋蔵量

実は石油の埋蔵量は推測することしかできず、正確な量はわからないのだ。

国際エネルギー企業のBPグループの発表だと、2011年に確認された石油埋蔵量は1兆6526億バレルだという。1年間に全世界で消費される石油は264億バレルなので、単純計算で50年は石油はもつと考えられる。

一方、シェールオイルやオイルサンド（日本語で「油砂」。鉱物油分を含む砂岩のこと）などの開発が進んだことで、石油の埋蔵量が飛躍的に増加したとも言われている。2013年にIEA（国際エネルギー機関）は石油系資源の残存年数は200年以上と発表した。200年ももつと考えると頼もしいが、IEAの見通しはあまりに楽観的過ぎるという批判もあるので安心はできない。

## 無機起源説なら石油の量は無限

ちなみに前述の石油無機起源説もロシアなどを中心に根強く残っている。「地球の内核で放射線の作用で発生した炭化水素が、高熱と高圧で石油に変化する」という無機起源説が正しい場合、一度枯れた油井《ゆせい》も時間を置けば復活するし、超深度を掘れば世界各地で石油が採掘できると考えられる。無機起源説が真実なら、石油の残存量の心配をする必要もないのだが……。

# ハイオクがレギュラーより高い理由

## オクタン価が違いの基準

自動車によく乗る人なら、ガソリンの〝ハイオク〟と〝レギュラー〟という分類は耳慣れたものだろう。だが、二つが具体的にどう違うのか？　なぜハイオクの方がレギュラーより高いのか？　これらを正確に説明できる人は意外と少ないかもしれない。

ハイオクとレギュラーの違いは〝オクタン価〟にある。オクタン価とはノッキング（異常燃焼）の起きにくさを示す数値で、オクタン価が高いほどノッキングが起きにくい。ＪＩＳ規格ではハイオクのオクタン価は96以上で、レギュラーのオクタン価は89以上と定められている。つまり、ハイオクの方が異常燃焼が起きにくいのだ。

オクタン価を高める成分や、エンジンをきれいに保つための清浄剤がハイオクには添加されているが、レギュラーには添加されていない。こうした事情からハイオクの方がレギュラーよりも高価なわけだ。

## 有鉛ハイオクと無鉛ハイオクの違い

また、〝有鉛ハイオク〟、〝無鉛ハイオク〟という単語を聞いたことがある人もいるだろう。以前はオクタン価を高める成分として4エチル鉛という物質がつかわれていたが、有毒な鉛が排出されるため今は規制されている。4エチル鉛をつかった規制以前のものを有鉛ハイオク、規制以降のものを無鉛ハイオクと区別しているのだ。

## 同じ石油からこれだけの製品が

ハイオクとレギュラー以外にも、LPガス、灯油、重油、軽油などの石油製品がある。これらの石油製品は、原油を加熱炉で加熱し、蒸留装置で分留することでつくられる。成分の沸点の違いを利用してLPガス、ナフサ(粗ガソリン)、灯油、軽油、重油に分けられるのだ。

さらに改質装置にかけたナフサと、分解装置にかけた軽油と重油、LPガスから、ハイオクとレギュラーのガソリンが製造されるというわけだ。

# 再生可能エネルギーは地球を救う!?

## 石油に替わる新エネルギー

334ページで紹介した石油無機起源説のように、一部で石油は無限で枯渇しないと考えられているが、石油などの化石エネルギーはいつかなくなるというのが定説である。

こうしたエネルギー問題対策として、石油代替エネルギーの研究と開発が盛んに行われている。

我が国においても2011年の福島の原発事故を受けて、石油と原子力に頼らない新しいエネルギーの研究が盛んになった。

石油などの化石エネルギーや原子力に代わるエネルギーとしては、太陽光、風力、地熱、波力、水力、海洋温度差などを利用した自然エネルギー、そしてバイオマスを利用したバイオエネルギーがある。

バイオマスとは、「バイオ（生物資

源)」と「マス(量)」を組み合わせた言葉で、「生物由来の有機性資源で再生可能なもの」を指す。例えば、木くず、家畜の排泄《はいせつ》物、紙くず、食品の廃棄物、さとうきび、トウモロコシなどがバイオマスで、これらを燃やすことで得られる熱で発電するのだ。

## 再生可能エネルギーはいいことづくめ?

太陽光などの自然エネルギーも、バイオマスのバイオエネルギーも再生可能という特徴がある。

資源を枯渇させず、半永久的に利用することができるのだ。

また、バイオエネルギーでは廃棄物を利用するので、廃棄物問題の解消ともなる。石油エネルギーをバイオマスで代替することは地球温暖化の原因となる$CO_2$の排出削減にもつながると言われている。廃棄物問題、温暖化問題の解決にも貢献するのだ。

いいことづくめと思われる再生可能エネルギーだが、送電にコストがかかるなどの問題もある。バイオマスの利用が生態系の破壊や食料供給の減少という悪影響につながるのではないかといった疑問も投げかけられている。

再生可能エネルギーの普及にはまだまだ時間がかかりそうだ。

# 今や地球の3分の1が砂漠化!?

## 岩手県と同じ面積が毎年砂漠になっている

緑が豊かな日本に住んでいると実感できないが、地球の陸地のおよそ3分の1は砂漠である。しかも、土地が砂漠になる砂漠化がかつてないほどのスピードで進行している。国連の調査では毎年6万平方キロメートルもの土地で砂漠化が進んでいるという。中でもアフリカ大陸では毎年1万5000平方キロメートルも砂漠化している。日本の都道府県の中で北海道に次いで広い岩手県の面積が1万5275平方キロメートルであるといえば、問題の深刻さが伝わるだろう。

砂漠化の原因は大きく分けて、気候的要因と人為的要因がある。

気候的要因は、地球規模での気候変動、干ばつ、乾燥化などを指す。もっとも問題なのは、干ばつである。肥沃《ひよく》度の低い土地の乾燥が進むと土壌が劣化して、土地の風食が起きる。土地の水分の蒸発が進むと塩類集積も発生する。こうなると土地が農業につかえなくなるし、放牧もできない。つまり、食料の生産がストップしてしまうので、飢餓に苦しむこととなるのだ。また、こうした土地では雨が降っても土壌浸食が起きて、これも砂漠化を進行させる原因となってしまう。

## 北京のすぐ近くにも砂漠が迫っている

人為的要因は、過剰な伐採による森林減少、過剰な耕作、過剰な放牧など許容限度を超えて行われる活動などを指す。人為的要因は、人口増加、市場経済の進展、貧困などのために生じると考えられている。

乾燥した地域に住む人々の農業や生活は、もともと緑が豊かでない土地にダメージを与えて砂漠化を進行させている。特にアフリカやアジアは乾燥した地域に住む人が多いので、砂漠化がより深刻である。人口が急増している中国では、ゴビ砂漠が首都の北京に迫るような状態となっている。

１９９４年には砂漠化対処条約が国際社会で採択された。日本も援助などでこの問題に取り組んでいるが、さらなる努力が必要と言えるだろう。

# 大陸から飛んでくるPM2・5の正体

## 肺の奥にまで届く小さな粒子状物質

ニュースなどで、よく耳にするようになった〝PM2・5〟。テレビの天気予報でPM2・5の飛散情報を毎日伝えている地方もあるぐらいだ。

そもそも、PM2・5とは「直径2・5マイクロメートル以下」という意味で、微小な粒子状物質を指している。ちなみに1マイクロメートルは0・001ミリメートルである。あまりにも小さいため、人間の肺の奥にまで到達しやすいので健康に害を及ぼす。ぜんそく、気管支炎、肺がん、心臓疾患などの原因になると言われている。

## 石炭と自動車で進む中国の大気汚染

PM2・5の元凶は、大気汚染が進む中国であると言われている。鉱工業都市では大気汚染で太陽を見ることすら難しいという。また、10年で6倍も販売台数が急増したという自動車も大気汚染の原因となっている。

また、中国は２０１３年の段階で世界の50％も消費する石炭大国で、これも空気を汚している。石炭を燃やすと二酸化炭素のほか、様々な汚染物質やスス、チリが出る。環境の悪化を受けて中国でも石炭離れが進んでいるそうだが、２０１４年の中国の石炭生産量はやはり世界1位で2位のアメリカの4倍以上の生産量なので、中国の石炭依存は困難と見る向きも多い。

このように工場のばい煙、自動車や火力発電所の排気ガスで中国の大気汚染が進み、その大気中のＰＭ２・５が日本にまで飛来するのだ。

## ＰＭ２・５の中には発がん性物質も！

なお、ＰＭ２・５の定義は「直径２・５マイクロメートル以下の微粒子」というものだけなので、その中身に関する規定はない。車の排気ガスに含まれるススのような黒色炭素もあれば、硫酸塩や硝酸塩のような塩類、金属成分のものなど、様々なものが含まれている。中には発がん性物質のベンゾピレンのＰＭ２・５もあるので、やはり危険なものと言えるだろう。

# 80年代に世間を騒がせたオゾン層は今？

## 上空の成層圏から地上の生態系を守る

１９８０年代にオゾン層という言葉が盛んにメディアを賑《にぎ》わせるようになった。と言っても、80年代になってオゾン層が発生したというわけではない。オゾン層は４億年ほど前に発生している。

オゾンとは、酸素分子が酸素原子に分離したのちに、別の酸素に酸素原子がひとつ加わった、三つの酸素原子からなる気体。オゾン層とは、そのオゾンが多い層のことを指す。オゾン層は成層圏にあるが、太陽からの有害な紫外線を吸収して地上の生態系を守るという、環境保護に欠かせない役割も担っている。

そのオゾン層が破壊されたことで、80年代からオゾン層が注目されるようになったのだ。破壊の主な原因はフロンガスである。

## 地上では無害なフロンガスだが…

フロンは冷蔵庫やクーラー、スプレーなどにつかわれているが、人体に対して無害な気体である。

ところが、放出されたフロンがオゾン層にまで到達した途端、紫外線にさらされて初めて分解されて塩素を放出する。この塩素がオゾンを分解して、連鎖反応的に破壊してしまうのだ。

こうして、オゾン層に穴が開く。オゾン層の穴、オゾンホールは１９８０年代に南極上空で初めて観測された。１９９４年には南極上空に観測史上最大級のオゾンホールが出現している。

## 実を結んだフロン規制

オゾンホールが開くことで、これまでオゾン層が防いでいた紫外線が直接地上に届いてしまうようになる。

紫外線の増加は皮膚がん、白内障、免疫の低下などの原因になるほか、生態系を乱す危険性も指摘されている。

オゾン層の破壊を防ぐため、先進国ではフロンが規制された。この規制によって、21世紀後半にはオゾン層はオゾンホール出現前の１９７０年代の状態に戻ると予測されている。

# 今さら聞けない原子力発電の仕組み

## 原発について考えるには正しい知識が必要だ

2011年の東日本大震災で福島の原発が大きな被害を受けたことで、原発の是非が問われることになった。最近では2016年4月に熊本で地震が発生した際に、鹿児島の川内《せんだい》原発を停止しなくていいのかということが議論を呼んだ。

原発を推進するにせよ、反対するにせよ、冷静な議論が求められている。そのためには、原発に対する正しい知識を身につけることが必要だろう。

## 核分裂でお湯を沸かしてタービンを回し電気をつくる

そもそも原子力で発電するという仕組みはどういうものだろうか？　発電の原理自体は、実は他のエネルギーの発電所と同じである。

火力発電所は化石燃料を燃やした熱

でお湯を沸かして、その蒸気でタービンを回す。風力発電所では風車でタービンを回し、水力発電所では水車でタービンを回す。原子力発電所では原子炉でお湯を沸かして、その蒸気で発電機のタービンを回すのだ。

## 原発のメリットとデメリットとは？

他の発電所と原理が同じなら、原子力発電の危険性は何なのか？　逆にメリットは何なのだろうか？

危険性としては、原子炉の制御や冷却に失敗すると温度がどんどん上昇して炉心融解、格納容器の損壊を引き起こして有害な放射性物質が外部に漏れてしまうというものがある。熱エネルギーを生む核分裂によってプルトニウム239が生まれるが、プルトニウムは厳重に隔離して取り扱わないといけないのだ。

メリットとしては、燃料の安定供給が可能、発電の過程で$CO_2$を排出しない、発電コストの上昇を抑えられる、得られるエネルギーが大きい、燃料のリサイクルが可能、などがある。

原発と今後どう付き合っていくかは、日本に住む人間にとって重要な問題だ。その判断のためにも原発に対する知識を身につけたいものだ。

# 理系の応用Q&A

## Q 色の三原色は赤、青、黄 では光の三原色は?

色には三原色というものがある。赤、青、黄の三つの色を混ぜあわせることで、たくさんの色を生み出すことができるので、こうよばれている。

一方、光にも三原色があり、こちらは赤、青、そして緑である。同じく組み合わせによって様々な色が表現できるのだが、面白いのは三つの色を混ぜ合わせた時。

色の三原色は黒になり、光の三原色では白、すなわち無色になってしまうのだ。

太陽光は無色であるが、これはすべての色が集まっていることを意味しているのである。

## A 赤、青、緑

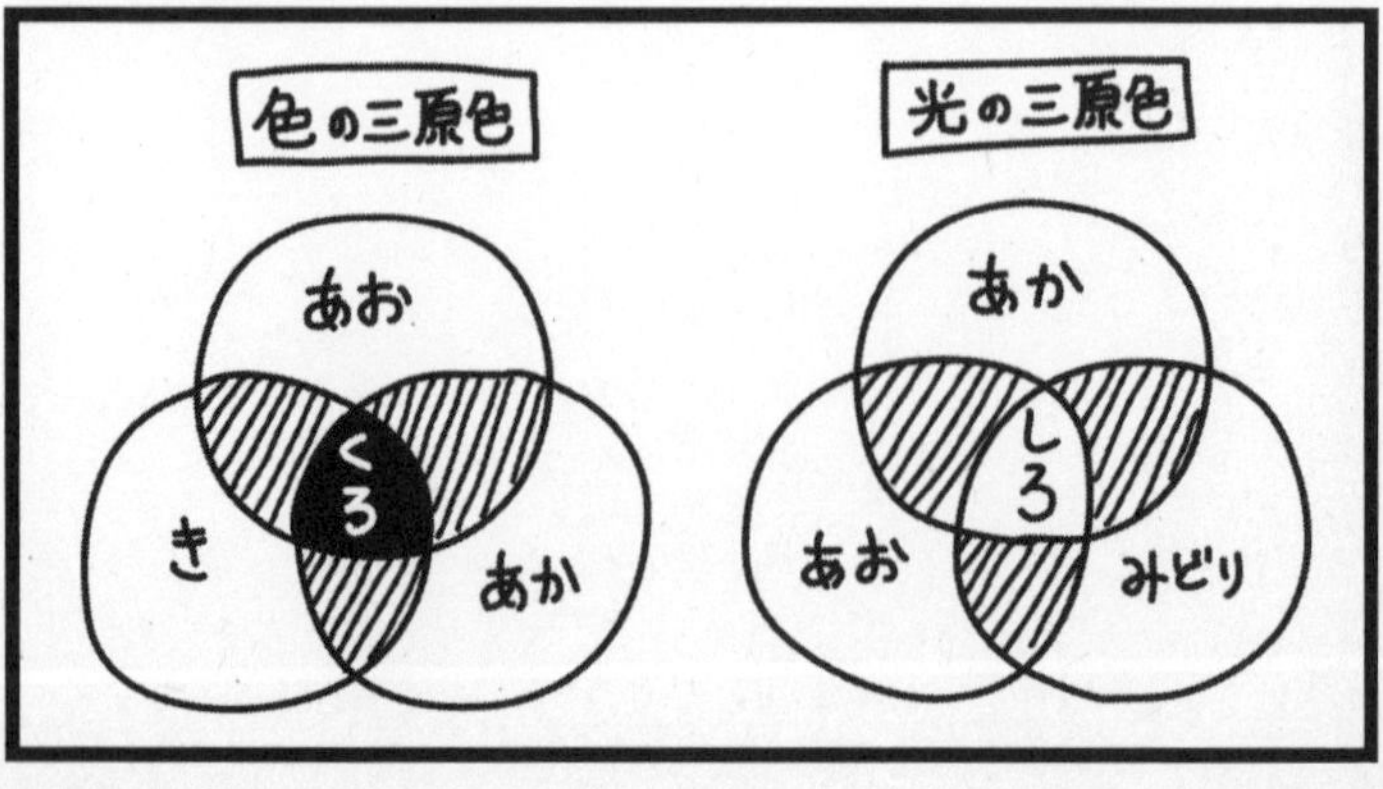

# Q ヒートアイランド現象の原因は？

夏の異常な暑さの原因に、ヒートアイランド現象という言葉を耳にすることがある。都市の熱大気汚染現象のことをいうが、ゲリラ豪雨や突然の落雷なども、この現象が影響している。

このヒートアイランド現象を生み出している原因は、アスファルトやコンクリートで熱が逃げにくい、エアコンや自動車、工場などの排熱といったもの。共通するのは、産業の発展に伴う大量のエネルギー消費である。現在の産業社会を支えるためには、避けられない消費である。対処するには、都市計画からの見直しが必要になるだろう。

# A 産業の発展によるエネルギー消費

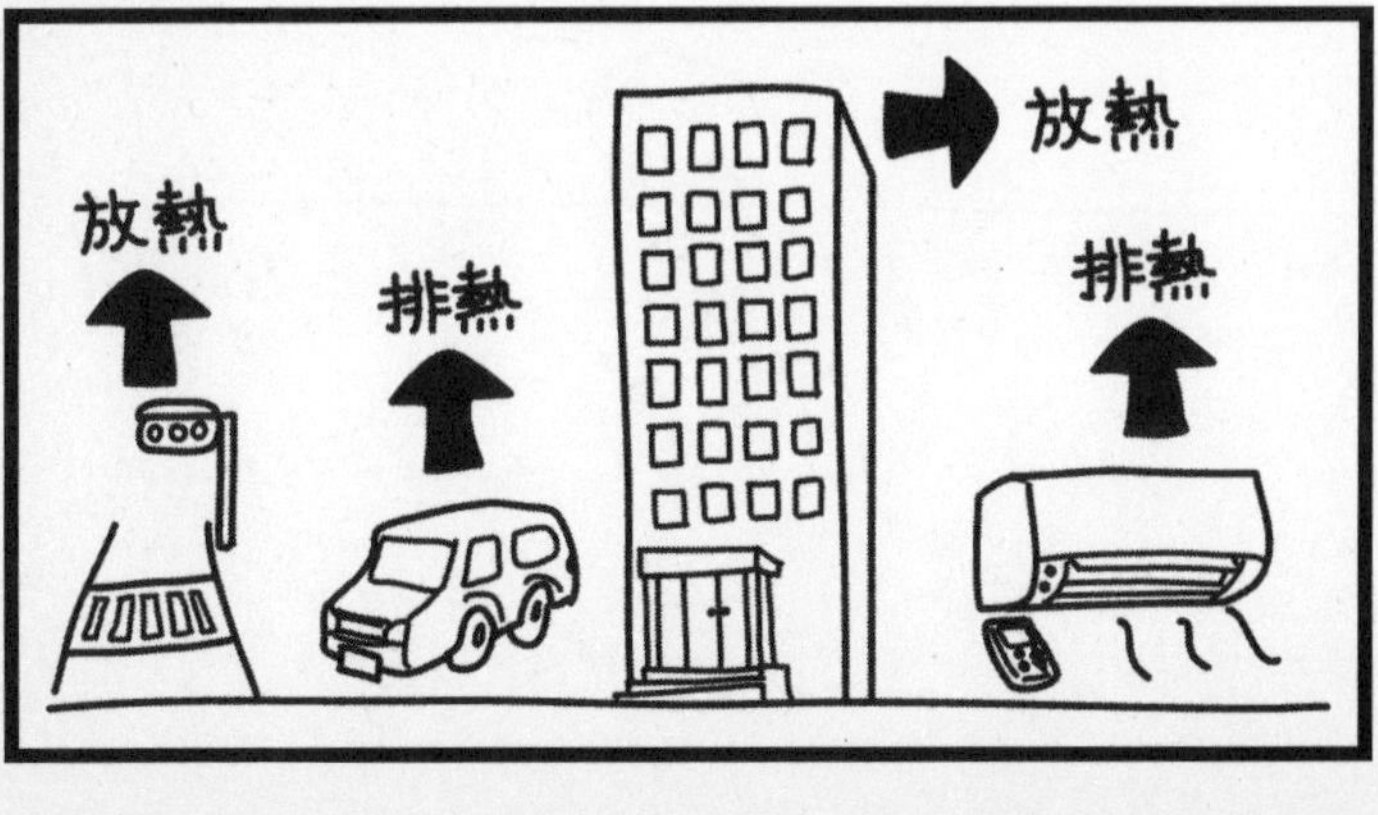

## Q ガスが臭うのはなぜ?

コンロに火がついていないことに気づかず、ガスが漏れてしまった時に、変な臭いで異変に気づくことがある。そのため、ガスは臭いもの、というイメージがあるが、実は家庭用のガスは本来都市ガスのメタンもプロパンガスのプロパンも無臭のものである。

ではなぜ臭いのかというと、まさにガス漏れを起こした際にいち早く異変に気づけるように、臭いをつけているのである。

その臭いはメルカプタンというもの。腐った玉ねぎなど、有機物の腐敗臭となっている臭い成分のひとつである。

## A あえて臭いをつけている

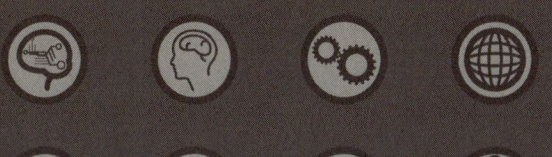

# 第19章

## 文系でも面白い!
## 「数学」のふしぎ

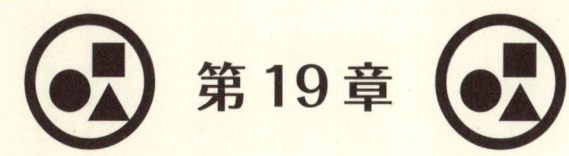

# 完全数は神秘の宝庫

ある数字に対し、これを割り切ることができる数字を約数という。「15」であれば、1、3、5、15。「17」であれば1、17。完全数とは、その数字を除いた約数の和が、その数字と等しいものをいう。完全数の最小が「6」（1＋2＋3）。

この完全数は実に神秘的で、最小の「6」にしても『聖書』における天地創造に有した日数であるとか、「28」（1＋2＋4＋7＋14）は月の公転周期であるとか、奇妙な偶然の一致が多いのだ。

現在、完全数は48個しか発見されていない。しかも全て偶数である。

紀元前より考察の対象とされながら、偶数の完全数は無限に存在するのか、あるいは奇数の完全数は存在するのか、1の位が6か8なのはなぜか、といった疑問は、いまだ解決していない。

まだまだ、わからないことが多いのだ。

## 数がもたらすふしぎな法則・友愛数

完全数の、その数を除く約数の和が等しいものを友愛数という。1番小さな友愛数の組は「220」と「284」。「220」のその数を除く約数は1、2、4、5、10、11、20、22、44、55、110。この和が284。そして「284」のその数を除く約数は1、2、4、71、142。この和が「220」なのである。この友愛数はふしぎなことに、偶数同士、もしくは奇数同士でしか発見されていない。

## 素数に法則性が見つかるとどうなる?

素数とは1とその数字でしか割り切れない数のこと。それ自体は無限に続くとされており、いまだ法則性が発見されていない。完全に乱数だと考えられているため、暗号技術に利用されている。ところが2016年3月に、素数にある種の法則らしきものが見つかり、話題となった。この発見に基づき、プログラムを組んでスパコンに計算をさせ続ければ、数年のうちに素数の法則が解明されるかもしれないというのだ。もし法則が証明されれば、個人情報や軍事情報に利用されている現行の暗号技術はすべて無価値となる。数学界に走った激震は、実は私たちの身近な問題にも迫っているのだ。

## 虚数を受け入れられなかった数学者もいる

虚数とは2乗した時に0未満になる、「i」(または「j」)で表される想像上の数である。

虚数という語はデカルトが最初に扱った。概念そのものはそれより遡る発見が1500年代にあったが、実用性があることは当時考えられておらず、デカルト自身も「想像上の数」と呼んで片づけた。この「イマジナリー・ナンバー

(imaginary number)」の頭文字が「i」表記のもととなるのだが、当の名付け親が存在に否定的であったという数学上の概念である。存在の発見から数百年間、冷遇されたが、オイラーやガウスなどの数学者が重要性を解き明かしたため、現在ではなくてはならない、便利な概念としてつかわれている。

## 0の階乗は1?

3×2×1と整数を階段のように掛けていく計算を「階乗」と呼ぶ。正の整数nの階乗による積を「n!」と書く。冒頭の例では3!となる。

さて、階乗にはふしぎなトピックスが存在する。「0の階乗は1」という定義だ。普通に考えたら0の階乗は0になりそうなものだが、これは計算式に階乗を応用する場合、何かと都合がいいのだそうだ。都合を優先した約束事なのだが、何だかんだみんな気になるようで、0!=1をなんとか理解しようと説明がひねり出されている。

# フィールズ賞を受賞した日本人は史上3人

若き数学者の業績を表彰するフィールズ賞は、もっともポピュラーかつ権威のある賞である。このフィールズ賞、日本人が3人受賞している。

1954年の小平邦彦（調和積分論、二次元代数多様体（代数曲面）の分類などによる）、1970年の広中平祐（標数0の体上の代数多様体の特異点の解消および解析多様体の特異点の解消）、1990年の森重文（代数幾何学での幾多の功績を総合的に）。

日本は国籍別順位で5位。審査員には第一回の高木貞治以来、何度も日本人が関わっている。

東洋系ではほかに、中国系米国人の丘成桐《シントウンヤウ》（1982年）、中国系オーストラリア人の陶哲軒《テレンスタオ》（2006年）、ベトナム人のゴ・バオ・チャウ（2010年）、イラン人のマリアム・ミルザハニ（2014年）、インド系カナダ・米国人のマンジュル・バルガヴァ（2014年）の5人がいるが、国で言うとベトナムとイランしかない。日本はそこそこ数学に強い国だったのだが、国際数学オリンピックの優勝者が近年はほとんど中国人に占められているように、数学教育という観点では後れをとりはじめているようだ。

## 魔方陣とナンプレ

魔法陣でなく、魔方陣。正方形に数字を縦・横・斜めに同数を配列し、その列の合計が同じであることを指す。

「ナンプレ（ナンバープレース）」「数独（すうどく）」とよばれるゲームは、区切られた9×9の正方形を9つのブロック（3×3）に区切り、1〜9までの数字を入れるパズルゲームだ。1ブロックに既に入っている数字以外の、1〜9のいずれかの数字を入れる。ナンプレはルービックキューブ以来の世界的流行をもたらし、世界選手権が存在するほどの活況を呈している。

## 小説のモチーフとなったカオス理論

ある状態の、一定の時間に沿った変化の規則性を力学系という。この力学系の中でも、一定の法則がありつつ複雑さのあまりこれを予測できないこと、こういった事象をカオス理論という。

小説『ジュラシック・パーク』では、パークの危険性を予言する理論として登場したが、実際の理論からはかけ離れた、非常にざっくりしたつかわれかただった。だが、このおかげで知名度が格段に上がったことは確かだ。

## 経済学で多くの功績を生み出したゲーム理論

ゲーム理論は応用数学の領域だ。戦略的意思決定に関する理論であり、「合理的な意思決定者の紛争と協力の数理モデル」と説明されるが、要するにゲーム（もしくはルールのある状況）でのお互いの手の組み合わせを求めることを研究対象とする。チェスの分析からはじまったゲーム理論は、数学の枠を超えて生物学や工学などに応用され、特に経済学の分野で幾つもの理論を生み出している。人間の意思決定が関わる分野では特に有用なようで、政治学や心理学でも応用されているので、私たちが知らないうちにこの理論の影響を受けている場合があるほど汎用性の高い理論なのだ。

## 数学が不完全であることを暴いた不完全性定理

クルト・ゲーデルが1930年に証明した不完全性定理。これは、数学が真理に到達できないことを証明してしまった、衝撃的な定理であった。

恐ろしくざっくりとまとめると、「僕は嘘つきである」という命題があった時に、「僕は嘘つきである」と言ったとする。それが真実であるならば、「嘘つき」なのに

「正直に言った」という矛盾が、逆に嘘なら「正直者」なのに「嘘を言った」という矛盾が導き出される。あるいは「僕は正直者」であるという命題なら、「僕」が「正直者」でも「嘘つき」でもどちらも正しいことになるので、その言葉が真であるか偽であるかを、その言葉だけでは証明できない。自分では自分の言葉を証明できない。この「自分」を「数学」に置き換えたのがゲーデルなのだ。

数学理論の中ではどうやっても証明できないパラドックスが存在することをゲーデルは証明してしまったのである。

## 100種類も証明方法があるピタゴラスの定理

ピタゴラスの定理は「三平方の定理」もしくは「勾股弦《こうこげん》の定理」とも言われる。直角三角形において、直角である頂角のそれぞれの辺をa、bとする。斜辺をcとする場合、$a^2 + b^2 = c^2$ である。

この定理を証明するためには膨大な方法がこれまで生まれてきた。正方形を用いて直角三角形を組み合わせる方法、内接円（直角三角形内部で描いた円）と内心を用いる方法などなど、１００種類にも及ぶとされている。

## 長らく「唯一の幾何学」だったユークリッド幾何学

古代エジプトのエウクレイデスは幾何学の研究成果を自身の著書『原論』にて明らかにした。「平行な2本の線は決して交わらない」「直角はすべて等しい」といった、誰でも聞いたことのある幾何学の定理。点と線についての基礎的な概念をそこに確立し、以後の幾何学はユークリッド（エウクレイデスの英語読み）の示したものに沿ってつくられるようになった。

ちなみに、ユークリッド幾何学の中でも前述の交わらない平行線について、地球での尺度（球面での交点）を用いて反論を行ったのがロバチェフスキー。以後、こうしたユークリッド幾何学に対して非ユークリッド幾何学が生まれるようになった。

# 300年以上も証明されなかったフェルマーの最終定理

3以上の自然数nについて、$x^n + y^n = z^n$となる0でない自然数(x,y,z)の組が存在しない。

フェルマーの最終定理(大定理)は、17世紀の数学者でフェルマーが書き残した言葉をもとにした数学的な予想である。一見、シンプルな定理にも思えるが、その他の予想はすべて決着がついても、この予想だけは誰も証明も反証もできなかった。フェルマー没後の1670年代よりはじまる謎として、以後各国の数学者がこの予想に挑戦し、20世紀にまで持ち込まれる。

20世紀になると、フランスの数学者ポアンカレは、複素平面上の関数についての研究を進め、モジュラー形式を案出。1955年、楕円曲線とモジュラー形式(モジュラー群の複素解析的函数)を関連づけた日本の谷山・志村予想を研究していたイギリスのアンドリュー・ワイルズが、1986年頃、秘密裏にこの難問に着手し、1993年にケンブリッジ大学で証明を発表。難問を解決するために数々の発想と緻密な構成で論じられた証明は、聴衆を驚愕《きょうがく》させた。

しかしこの時はその後の査読で1カ所致命的な誤りが発見された。ワイルズはそれも翌年に解決し、最終的に1995年に論文に誤りがないと認められたことで、完全に証明してみせた。

## コンピューターが証明した四色定理

地図職人の間で、地図の色分けはどんなに細かい区分けであっても4色で事足りることが知られている。

19世紀の数学者たちはこの四色定理を証明するために頭を悩ましたことでも知られ、四色問題とも言われていた。

ガスリー、ケンプらが5色までは可能である証明を導き出したが、1970年代にアッペルとハーケンによるコンピューターをつかった証明がなされた。

# 日本に古来からある連立方程式ツルカメ算

鶴の足は2本、亀の足は4本。鶴と亀が合計○匹、その足が▲本、さて鶴と亀はそれぞれ何匹でしょう。

こういった問題をツルカメ算という。異なる足の本数をもつ2匹の動物の個体数の和、足の本数をもとにそれぞれの動物の個体数を当てる問題だ。例えば鶴と亀の個体数をそれぞれx、yとして「x＋y＝○」、それぞれの足の本数と和を入れると「2x＋4y＝▲」。この二つを連立方程式にして解くのだ。

# 単純だけど奥深いケプラー予想

球体を空間にもっとも効率よく詰め込む（充填する）のが六方最密構造である。

これが最大密度になる配置だとしたのが、ケプラー予想だ。17世紀の数学者ケプラーが考えた「球充塡」とよばれる、見た目にはわかりやすいのに証明するには途方もない困難が伴う定理。ハリオットはこれをヒントに原子論を発展、ガウスは規則配置についての証明を示し、20世紀には規則性と不規則性を問わない証明をコンピューターによる解析で発見する動きまで持ち上がった。

## 100万ドルの賞金がかけられたポアンカレ予想

単連結な3次元閉多様体は3次元球面 $S^3$ に同相である。任意のループを連続的に1点に収縮できるような連結空間である2次元多様体は3次元球面$S^3$と(位相幾何学的に)同相であるというもの。1904年フランスの数学者ポアンカレによる問いかけは、賞金100万ドルのミレニアム懸賞問題にもなった。2002-2003年にロシアの数学者ペレルマンが証明してみせた。手術とよばれる3次元多様体の切り貼りを用いて幾何化予想に導いた。

# 熱力学の常識に挑戦したマクスウェルの悪魔

熱力学の分野に、熱は高温から低温に移動し、その逆は起こりえない、という法則がある。この法則に根本的な疑問を提示したのがスコットランドの物理学者マクスウェルだった。1867年頃、マクスウェルは分子の動作を観察できる存在を仮定し、これは「悪魔」と名付けられた。マクスウェルは熱力学における法則性の思考実験に悪魔を参加させ、悪魔が分子に間接的に働きかけることで、熱力学第二法則と矛盾する結果を導き、それまでは不可能とされたエントロピー減少の可能性を見出《みいだ》した。これを「マクスウェルの悪魔」という。

だが、これを認めると永久機関が簡単につくれるはず、という異常事態になってしまう。科学者は「悪魔」を葬り去ろうとやっきになり、1982年になって、「悪魔の振る舞いは必ずエントロピーを増大させる」ことが証明され、ようやく決着をみることとなった。

# 第20章

# どこまでも高くなる「建築」の技術

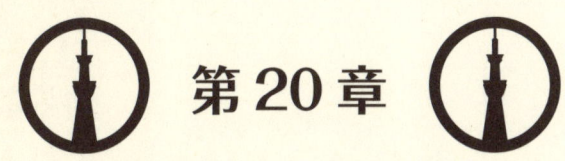

# 最新の技術で建てられた世界一高いビル、ブルジュ・ハリファ

全高およそ1000メートル（実際は828メートル）、206階建て。この世界一高い高層ビル、ブルジュ・ハリファはアラブ首長国連邦ドバイに存在する。韓国、ベルギー、UAE共同による大規模な建設のもと、4000トンの鋼鉄でできた尖塔《せんとう》からもわかる現代のバベルの塔は、知恵と工夫の集積である。中心に設《しつら》えた六角形の壁をY字型の壁によって補強しねじれを防ぐバットレスト・コア構造、特別な配合のコンクリートなど、最新の技術が用いられ、14万2000平方メートルにも及ぶ反射ガラスの据え付けのために、中国から3000人の専門家が集められた。

中東では1000メートル超えの超高層ビル建設が相次いでおり、クウェートのブルジュ・ムバーラク・アル＝カビール、バーレーンのムルジャン・タワーがこのブルジュ・ハリファに追いつけ追い越せと世界一の座を狙っている。

# 日本で開発中の超巨大建造物、軌道エレベーター

地上と宇宙をつなぐ途方もない巨大な輸送機関、軌道エレベーター。ロケットに頼らず、静止衛星とつなげられたケーブルで人や物資を輸送するという遠大な計画だ。最初に軌道エレベーターを発想したのは、旧ソ連の科学者コンスタンチン・ツィオルコフスキーで、１８９５年に自著の中に記述している。

ここでは、赤道上に建てた塔は地球の自転による遠心力で、ある高さで重力と釣り合う、と述べられている。建物は高ければ高いほど自重によって崩壊の恐れが増す。そのため、高層建築物のほとんどは、低階層ほど広い面積をとるピラミッドのような構造で建物を支える強度を保っている。その必要がなく、宇宙まで一直線に細長い塔を建築できるというのが、軌道エレベーターの構想だった。

しかしこの構想は、長らく非現実的な理論として日の目を見なかった。というのも、遠心力と重力、相反する方向に引っ張られる力を支えるだけの強度をもっ

た素材がなかったからだ。それが、カーボンナノチューブの開発によって、にわかに現実味が増してきた。日本の建設会社大林組では、東京スカイツリーの建設をきっかけに「塔を造る技術を究める」という目標のもと、軌道エレベーター建設の構想を発表。2050年の完成を目指し、研究を進めている。

気になる建設費だが、まだまだ研究段階なので具体的なことは煮つめ切れていないものの、ある試算では1兆円ほどで可能とされている。これはつくばエクスプレスの建設費と同程度で、想像よりもかなり安価な数字ではないだろうか。

軌道エレベーターがもし建設されれば、これまでロケットに頼っていた宇宙への輸送を鉄道と同じ感覚で行うことができ、宇宙開発の飛躍的な進展が見込めるようになるだろう。

## 東京スカイツリーは世界一高い塔

2012年開業の東京スカイツリーは、高さ634メートルに及ぶ世界一高いタワーとしてギネス記録になり、人工建造物としてはドバイのブルジュ・ハリファに次ぐ世界第2位で、ビルを除いた「塔」としては世界一になった。

法隆寺の五重塔を参考にしたデザインは伝統と未来性の調和のみならず、地震が起きた際に揺れを抑制する心柱制振構造を採用した都市防災のシンボル的な意味ももつ。全LED照明による白と少量の紫で統一されたライティングで東京の夜を照らす。世界一の展望台を誇る世界一の電波塔は、連日賑わいを見せている。

## 建設中のジッダ・タワーは1000メートル！

東京スカイツリーを超える世界一、1008メートルのタワーが、ただいまサウジアラビアで建設中だ。2018年に完成を予定しており、総工費は46億リヤル（約949億円）。

ブルジュ・ハリファを超えて世界一の超高層タワーとなる予定のジッダ・タワーはエレベーター59基、エスカレーター12基、252階に及び、雲をも突き破る高さだ(予定)。完成の暁にはビジネス用オフィス、ホテル(フォーシーズンズ)、巨大モール、レストラン、アパート、コンドミニアム、アメニティと複合商業施設として使用される。

## かつて日本には1万メートルの巨大建築の構想があった

バブル華やかなりし頃、日本では高さ1000メートルどころか、1万メートル超の冗談としか思えない高層建築の計画が持ち上がっていた。

高さ1000メートルの高さを誇る竹中工務店「スカイシティー1000」構想、2001メートルの高さを誇る大林組の「エアロポリス2001」構想、大成建設が打ち立てた「X-Seed(エクシード)4000」構想ともなると、富士山を超す高さにのぼる。

その上をいく1万メートル建築が東京バベルタワー計画。建設費3000兆円、居住数3000万人。早稲田大学理工学部建築学科の尾島俊雄研究室が策定した。

これらの構想はあくまで技術の可能性を探るための構想。当時から実現可能性は度外視の夢物語だった。

## 鉄筋とコンクリートの密な関係

鉄筋コンクリートと一口で言っても、鉄筋とコンクリートの密な関係は素人にはいまいちわからない。そもそも、コンクリートそれ自体は固いのに、わざわざ鉄筋を入れる必要があるのだろうか？　鉄筋によって、どのような効果があるのだろうか？

コンクリートは、塊としては圧力にとても強いが、引力や地震の揺れなど外部から引っ張られる力が加わると、途端に脆くなる。これを補強するのが鉄筋の役目で、引っ張られて脆くなったコンクリートから抜けないように、節のある異形鉄筋がよく使用される。これに加えて、コンクリートと鉄筋は接着力が強く、コンクリートに含まれるアルカリ成分が鉄筋のさびを防ぐという利点もある。

# コンクリートが固まる謎

そもそもコンクリートとは、砂や砂利とセメントを水で混ぜて固めたもの。古くはローマ建築に残っているほどで、当時は生石灰、火山灰、軽石などを使用しており、石やレンガ造りでの内部圧縮の問題を解消する画期的な発明だった。現在も残るローマのパンテオンは、コンクリート建築としては最古のものだ。

　さて、そのコンクリート、なぜ固まるのだろうか？　材料にセメントが使われているのだから、セメントが固まるのだろうが、その原理からしてよくわからない。一般的なセメントは、ポルトランドセメントが占める割合が大きいが、これを構成するシリカ、アルミナ、酸化第二鉄、酸化カルシウムが、水を混ぜることで固まる。ここまでは分かっている。しかし、その先の仕組みが、実は未だにわかっていないのだ。主成分の割合を調節することで強度や発熱量を調整できるが、そのメカニズムは解明されないままなのだ。

# 奈良の飛鳥寺はシルクロードの賜物

奈良の飛鳥寺《あすかでら》の造営には、遠くペルシャ（現在のイラン）から訪れた建築士たちが多く関わっていたといわれている。当時、ペルシャ人が数多く日本を訪れていたことは正倉院の宝物からも明らか。中国・朝鮮半島のものもある一方で、ペルシャ産のガラス細工も残されており、『日本書紀』にもシルクロードを通って日本までやってきた青い目の人々の記録がある。

飛鳥時代の文化は、こうした渡来人によってもたらされたものが多い。仏教をはじめとした大陸の文化がもたらされ、飛鳥寺だけでなく法隆寺や四天王寺など、壮大な寺院が建造された。その内部には様々な仏像や工芸品などが飾られたが、ほとんどはシルクロードを伝ってもたらされたものか、渡来人により造られたものであった。これらを目にした人は、たとえ仏教の知識がなくとも、その美しさに自然と畏怖の念を抱いたに違いない。

飛鳥寺の造営で指揮を執った人物は、『日本書紀』や『元興寺縁起《がんごうじえんぎ》』（元興寺は飛鳥寺の別称）によれば「意等加斯《おとかし》」といい、この人物がペルシャ人であったという。ほかにもペルシャ人の技術者が関わって建築された寺院があり、例えば膨らみをもった柱の様式は、ペルシャやギリシアの様式であり、現在にも伝わっている。ほかにも、狛犬《こまいぬ》などはペルシャの獅子《しし》像がモデルになっているとされている。日本文化の多様な起源のひとつに、遠く離れたペルシャのものが入っているのは、ロマンのある話である。

## 正倉院の校倉造りは実は外国のモノ

頂角を外に向けた三角形の木材を横に組み、上の屋根を置く校倉《あぜくら》造り。

正倉院の校倉造りは、実は海外では倉庫のみならず住居用でもつかわれている。中国、朝鮮、ロシア、オーストリア、スイス、スカンジナビア、フィンランド、北アメリカなど、意外と珍しくない建築様式だ。

通風や採光に向かないために日本では平安初期に廃れた技術であったが、乾燥した地域では重宝される技術なのだ。

## 地震国ならではの耐震構造を持つ日本の木造建築

世界に類を見ない木造建築の歴史を誇る国、日本。木と木を組み合わせて大建築をものにする技術は、一方で地震大国ならではの、耐震構造への知恵の集積でもあった。

法隆寺の五重塔は、中央に太い柱を設えて横揺れを防止。この心柱は突き刺さっていた地面の部分は腐食してしまい、実は現在、地面と接していないのだが、逆にそれで揺れのエネルギーを吸収していると考えられている。奈良時代には釘《くぎ》による固定、藤原時代には貫《ぬき》や長押《なげし》、鎌倉時代には水平材を増やす工夫が生まれた。こうした試行錯誤が、柱と柱、木材と木材のはめ込みだけで恐るべき強度が生まれる日本木造建築の耐震構造を生み出したのである。

# 木でできている寺院は日本だけ

日本の建築は木造建築。ところで、日本の木造寺院は世界でも類を見ない。世界中の寺院はどこも石造りが基本だ。ヨーロッパに分布する教会、大聖堂に限らず、東南アジアでもカンボジアのアンコールワットやインドネシアのボロブドールも石造りだ。

世界を見渡せば、例えばロシアのオネガ湖に浮かぶキジー島には、珍しい木造の教会が建てられており、世界遺産に登録されている。非常に美しい教会であるが、これは例外中の例外だ。ほかにも、韓国や中国に幾つか木造寺院があるが、やはりほとんどは石造りとなっている。

このように石造りの寺院が世界的にポピュラーな工法である一方、木造建築による日本の寺院が異彩を放っているのは、ひとえに地震大国であるから。石造りの寺院など、巨大な地震に見舞われたらイチコロなのだ。また、日本では建築素材として石よりも木の方がはるかに入手しやすく、運搬も容易だったことが挙げられるだろう。

木造による耐震構造の開発が、世界的にも珍しい木造寺院を数多く生み出したのである。

## 橋のつよさは三角形にあり

橋の骨組みはたいてい三角形である。これは「トラス」といわれる架構であり、三角形をひとつの単位に、多くの三角を組み合わせているのだ。

トラス構造のつよさの秘けつは、部材に曲げの力がかからず、引っ張りの力か圧縮の力のみがかかるようになっている点にある。軽くて丈夫な構造体がつくれるので、橋にはもってこいの構造なのだ。

橋は平行法トラスを取ることが多い。水平部材を上下平行に設え、上側は圧縮力、下側は引っ張り力を受け持つ。

## 日本最大の土木建築、瀬戸大橋

全長１万２３００メートル、幅35メートル、高さ１９４メートル。本州と四国を瀬戸内海をまたいで結ぶ瀬戸大橋。１９８８年に開通し、青函トンネルと並ぶ日本最大の土木建築だ。吊《つ》り橋にコンクリートの特性を生かした巨大な錨（アンカレイジ）、橋脚や主塔に箱状の水中構造物であるケーソンを用いた工法など、当時の知恵と工夫、ハイテク技術がいかんなく発揮された。

## ビルとしては日本一の高さを誇るあべのハルカス

大阪市阿倍野区にあるあべのハルカスは２０１４年に開業した複合ビルであり、地上60階建て、３００メートルを誇るその高さは日本一である。

その施工場所として用意された敷地は道路や鉄道が走る場所でもあり、複雑な立体構造をもつビルはその立地だけでも困難を伴う計画であった。

施工を請け負った竹中工務店は、逆打ち工法により地下の工事と地上の工事を並行するほか、余裕のないスペースでの機材運搬、保管に関してはセットバック構造とよばれる上層を下層より後退させ階段状にした空間を利用するなど工夫を凝らした。都市に超高層ビルを打ち立てる困難さは、都市そのものの立地にあったのだ。

## マリリン・モンローにちなんだモンロー技術とは?

ビルによって大気の流れがせき止められ、周辺に強風が吹いてしまう。このビル風とよばれる現象は高層建築の周囲では避けられない問題。そのために、開発されたのがモンロー技術だ。

由来は『七年目の浮気』のマリリン・モンローのスカートがめくれる名場面を語

源とするモンロー風。映画では地下鉄の排気口から流れる風だが、これは風が建物にぶつかることによってその壁に沿う流れが生じ、その背後では乱流が発生する。これを防ぐため、ビルの中央に風穴を開ける構造がとられた。これをモンロー技術という。

## 世界最速エレベーターは日本にある!?

世界最速のエレベーターはかつて横浜ランドマークタワーであった。1993年に開業、70階建てで高さ296・33メートル（日本第二位を誇る）を、最高速度は毎分750mで昇降するのだから、想像するとちょっと怖いくらい。この記録を塗り替えたのが、台北101のエレベーター。全高は509・2メートルで、地上101階の台湾が誇る世界一のビル。毎分1010メートルのこのエレベーターは東芝製。昇りは世界一であるが、下りはまだまだ横浜ランドマークタワーも負けてはいない。昇りは台北101、下りは横浜ランドマークタワーである。

## 参考文献


**『思わず人に話したくなる　地球まるごとふしぎ雑学』** 荒舩良孝著／永岡書店

**『科学・考えもしなかった 41 の素朴な疑問　突飛なようで奥が深い!』**
松森靖夫編集／講談社

**『科学・知ってるつもり 77　気にかかっていたことをはっきりさせる!』**
東嶋和子・北海道新聞取材班著／講談社

**『理系の話大全』** 話題の達人倶楽部編／青春出版社

**『今さら聞けない科学の常識　うろおぼえを解消する 102 項目』**
朝日新聞科学グループ編集／講談社

**『おもしろくてためになる建築・土木の雑学事典』** 大浜一之著／日本実業出版社

**『全人類で一斉にジャンプしたら、地球は凹む？ もしもの地球大実験』**
荒舩良孝著／宝島社

**『面白いほどよくわかる数学の定理』** 伊藤裕之著／日本文芸社

**『人に話したくなる数学おもしろ定理』** 関根章道著／技術評論社

**『偽善エネルギー』** 武田邦彦著／幻冬舎

**『その「エコ常識」が環境を破壊する』** 武田邦彦著／青春出版社

**『生命科学がわかる 100 のキーワード』** ニュートンムック

**『人体を支配するしくみ』** ニュートンムック

**『物理の小事典』** 岩波ジュニア新書

**『SF 科学のお値段』** 三才ブックス

**『科学が SF を超える日』** 未来科学講座制作委員会編／イーグルパブリシング

ほか


## スタッフ


| | |
|---|---|
| 編集 | 坂尾昌昭、住友光樹（株式会社 G.B.） |
| カバーイラスト | カスヤナガト |
| 本文イラスト | 住友路代 |
| 原稿協力 | 大越よしはる、昼間たかし、龍田昇、亀井健、高橋哲也 |
| 表紙・本文デザイン | 森田千秋（G.B.Design House） |
| 本文 DTP | 徳本育民（G.B.Design House） |

**日本博識研究所《にほんはくしきけんきゅうじょ》**

豊富なデータベースをもとに、フィールドワークで得た調査結果と照らし合わせながら、現代知識の体系化を行う団体。物理学から生物学、医学、経済学、社会学、文学まで幅広い分野のわかりやすい解説に定評がある。著書に『爆笑! 学力テストおバカ回答!』『人生を変える! マンガ名言1000』(ともに宝島社)、『世界一おもしろい! 日本地図』(ベストセラーズ)、『日本人が知らない 医療の常識』(G.B.)など。

文系の人にとんでもなく役立つ!

**理系の知識**

---

2016年6月23日 第1刷発行

著者 日本博識研究所
発行人 蓮見清一
発行所 株式会社宝島社
〒102-8388 東京都千代田区一番町25番地
営業 03-3234-4621
編集 03-3239-0928
http://tkj.jp
振替 00170-1-170829 ㈱宝島社
印刷・製本 中央精版印刷株式会社


ISBN 978-4-8002-5549-5